*Материалы III международной научно-практической*

*конференции*

# Фундаментальная наука

# и технологии -

# перспективные разработки

**24-25 апреля 2014 г.**

North Charleston, USA

Том 3

УДК  4+37+51+53+54+55+57+91+61+159.9+316+62+101+330

ББК 72

ISBN: 978-1499363463

В сборнике собраны материалы докладов III международной научно-практической конференции   " Фундаментальная наука и технологии - перспективные разработки "

Все статьи представлены в авторской редакции.

# Содержание
## *Технические науки*

## *Физико-математические науки*

# Содержание

## Филологические науки

## Философские науки

## Химические науки

# Содержание

## Экономические науки

## Юридические науки

# Содержание

**Корсукова А.А.**
студент гр. РПМ-513 факультета элитного образования и
магистратуры ОмГТУ, г. Омск
**Хазан В.Л.**
д.т.н., профессор, профессор кафедры «Средства связи и
информационная безопасность» радиотехнического факультета ОмГТУ,
г. Омск

## ИМИТАЦИОННО-АНАЛИТИЧЕСКАЯ МОДЕЛЬ ТРАССОВЫХ ИСПЫТАНИЙ РАДИОПРИЕМНЫХ УСТРОЙСТВ

Важным этапом разработки любого радиоприемного устройства являются трассовые испытания. Однако проведение трассовых испытаний приводит к большим затратам времени и денег. Сократить подобные затраты или же вовсе избежать их помогает моделирование трассовых испытаний.

Моделирование дает возможность:
1. Прогнозировать результаты трассовых испытаний с учетом параметров радиоприемного устройства и внешних воздействий устройства в целом и на каждом функциональном узле отдельно;
2. Сравнивать полученные в результате моделирования характеристики и параметры при различном структурном построении радиоприемного устройства;
3. Выводить и/или при желании пользователя сохранять результаты моделирования после каждого обращения к модели;
4. Отрабатывать результаты моделирования при различных реальных и гипотетических технических характеристиках радиоприемного устройства.

На данный момент существуют различные наработки в области моделирования трассовых испытаний, однако нет единой модели, удобной в использовании и позволяющей быстро и наглядно получить полную картину прохождения сигналов через различные функциональные узлы радиоприемного устройства.

Таким образом, встает задача создания имитационно-аналитической модели трассовых испытаний радиоприемных устройств, позволяющих определить зависимость коэффициента исправного действия канала связи от характеристик этих приемных устройств.

Основные требования, предъявляемые пользователями к данной имитационно-аналитической модели, это:
1.    Удобство работы с моделью;
2.    Близость входного языка модели к языку предметной области моделирования;
3.    Удобные формы представления результатов моделирования;

4. Приемлемое быстродействие системы моделирования.

Один из вариантов выполнения вышеперечисленных требований при реализации модели – использование среды программирования MatLab для создания имитационно-аналитической модели.

Язык программирования MatLab представляет собой высокоуровневый технический вычислительный язык и интерактивную среду для разработки алгоритмов, визуализации и анализа данных, числовых расчетов[1].

Главное преимущество данной среды в том, что в ней реализованы многочисленные эффективные математические алгоритмы практически для всех областей вычислительной деятельности.

Стоит отметить и такие достоинства данного языка программирования, как:

1. Удобство работы с графиками;
2. Возможность работы с документами MicrosoftOfficeExcel (а именно возможность чтения и записи данных в табличном виде);
3. Увеличение скорости выполнения расчетов благодаря множеству встроенных функций и алгоритмов;
4. Совместимость файлов программ (М-файлов) с различными версиями MatLab (как минимум с 2007 по 2013 годов выпуска).

Модель трассовых испытаний радиоприемного устройства должна решать следующие задачи:

1. Получение технических характеристик вариантов моделей главного приемного тракта, как в целом, так и отдельных функциональных узлов;
2. Сравнение различных вариантов структурного построения приемного тракта;
3. Вывод и/или хранение (по желанию пользователя) результатов моделирования для каждого обращения к системе;
4. Отработка результатов моделирования с учетом технических характеристик и параметров приемного тракта и различных его элементов, при реальных и гипотетических характеристиках используемых элементов, а также при различных входных воздействиях.

В процессе разработки модели необходимо осуществить:

1. Выбор структуры модели из набора функциональных модулей, соответствующих функциональным узлам главного тракта приемного устройства и входным воздействиям.

2. Выбор характеристик и параметров, которые необходимо рассчитать в процессе моделирования и/или вывести на экран в виде таблиц/графиков и/или сохранить в файл.

3. Ввод требуемых для расчета входных данных.

4. Вывод результатов в форме, выбранной пользователем.

Для реализуемой модели был выбран следующий набор модулей, отображающий основные узлы радиоприемного устройства и входных воздействий:

- помеховая обстановка на входе приемного тракта;
- фильтр;
- главный усилительный тракт приемного устройства;

Для каждого из модулей планируется создать библиотеку из нескольких моделей и возможность ввода характеристик модуля вручную (это необходимо для моделирования новых нестандартных инженерных решений).

На данный момент для фильтров амплитудно-частотные характеристики заданы таблично, для усилителей высокочастотного сигнала реализованы модели, описанные в [2]и [3].

Выбор характеристик и параметров, которые необходимо рассчитать, планируется осуществлять из списка доступных для расчетов.

Таким образом, имитационно-аналитическая модель трассовых испытаний радиоприемных устройств, реализованная в среде программирования MatLab, значительно облегчит проектирование радиоприемного устройства, будет удобна в использовании и работоспособна в различных версиях среды программирования MatLab.

## Литература:

1.Дьяконов В. П. MATLAB 7.*/R2006/R2007: Самоучитель/ В. П. Дьяконов. – М.: ДМК Пресс, 2008. – 768 с.: ил. –ISBN 978–5–94074–424–5

2.Хазан В. Л. Компьютерный лабораторный практикум по курсу "Радиотехнические цепи и сигналы": Учебное пособие. – Омск: Изд-во ОмГТУ, 2001. – 95 с.

3.Хазан В. Л. Методы и средства проектирования каналов декаметровой радиосвязи: Дисс. д-ра техн. наук. – Омск, 2008. – 358 с.

**Петросянц К.О.** - д.т.н., профессор,
**Харитонов И.А.** - к.т.н., доцент,
**Попов Д.А.** - аспирант
Московский институт электроники и математики Национального
исследовательского университета Высшая школа экономики

## ИССЛЕДОВАНИЕ ВЛИЯНИЯ ТЕМПЕРАТУРЫ НА УСТОЙЧИВОСТЬ КМОП КНИ ЯЧЕЕК ПАМЯТИ К ВОЗДЕЙСТВИЮ ОДИНОЧНЫХ ТЯЖЕЛЫХ ЧАСТИЦ

Устойчивость ячеек памяти аэрокосмической аппаратуры к сбоям от воздействия на них одиночных частиц с большой энергией, является важным условием надежного функционирования такой аппаратуры [1, 537]. При этом для аппаратуры, находящейся в космосе и в верхних слоях атмосферы, воздействие частиц происходит в условиях больших температурных перепадов (-100° … +200°C) [2, 6]. В то же время, наземные испытания аппаратуры на воздействие тяжелых частиц обычно проводятся при температуре, близкой к комнатной. Как отмечается в литературе [3, 1606], такие оценки могут заметно переоценивать реальную стойкость схем вследствие зависимости параметров полупроводникового материала и параметров транзисторов от температуры [4, 28].

В данной работе устойчивость КМОП ячеек памяти, , к воздействию отдельных тяжелых частиц при различной температуре исследовалась известным [5, 1028] и отработанным нами [6, 313] методом смешанного приборно-схемотехнического (TCAD-SPICE) моделирования. При этом структура транзистора, в который ударяет частица, и где происходит собирание заряда трека частицы, подробно моделировалась средствами TCAD, а остальная часть схемы ячейки памяти – средствами более быстрого схемотехнического SPICE моделирования (Рис. 1).

В отличие от работы [5, 1027], посвященной исследованию сбоев в ячейках КМОП памяти, изготовленных по «объемной» технологии, в данной работе моделировалась структура n-канального МОП-транзистора, изготовленного по перспективной технологии «кремний на изоляторе» (КНИ), с параметрами: длина канала 0.25 мкм (Рис. 2), толщина подзатворного оксида 5 нм, толщина активного слоя кремния 100 нм, толщина скрытого оксидного слоя 140 нм. Напряжение питания схемы 2.5 В. Моделировалось воздействие частицы с линейными потерями энергии (ЛПЭ) 21 МэВ-см$^2$/мг.

Результаты моделирования приведены для одной из наиболее чувствительных к сбою точек транзистора, помеченной на Рис. 2.

При моделировании использовались следующие физические модели пакета TCAD, учитывающие влияние температуры: модели рекомбинации Оже и Шокли-Холла-Рида, модель зависимости подвижности носителей заряда от температуры. В схемотехнических моделях BSIMSOI для КНИ КМОП транзисторов использовались встроенные зависимости порогового напряжения и подвижности носителей от температуры.

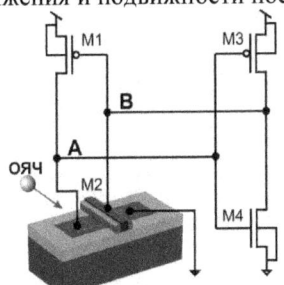

Рис. 1. Схема для смешанного приборно-схемотехнического моделирования воздействия тяжелой частицы на КМОП ячейку памяти.

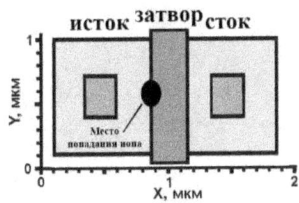

Рис. 2. Топология моделируемого 0.25 мкм КНИ МОП-транзистора с указанием места удара частицы.

На Рис. 3 приведены смоделированные переходные процессы тока стока транзистора М2, а на Рис. 4 - напряжения в т. А (Рис. 1) для температур -100 °C, 25, +180°C при ударе частицы. Видно, что при температуре -100°C всплеск тока стока транзистора, вызванный собиранием заряда из трека частицы, оказывается заметно больше, чем при комнатной температуре, что приводит к переключению ячейки, т.е. к меньшей устойчивости ячейки памяти. При повышенной до +180°C температуре всплеск тока стока меньше (Рис. 3), но устойчивость ячейки хуже, чем при комнатной (Рис. 4), что связано с уменьшением пороговых напряжений транзисторов ячейки с ростом температуры. Результаты моделирования хорошо согласуются с результатами экспериментальных исследований и моделирования, приведенными в [6, 1028].

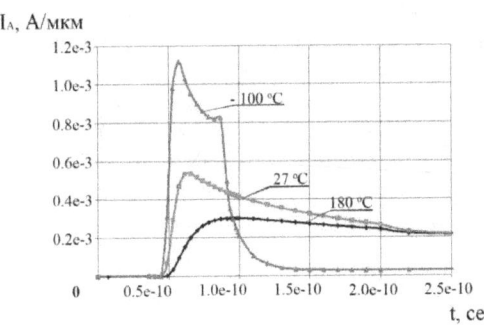

Рис. 3. Смоделированные для различных температур переходные процессы тока стока транзистора М2 (Рис. 1) при попадании в него частицы.

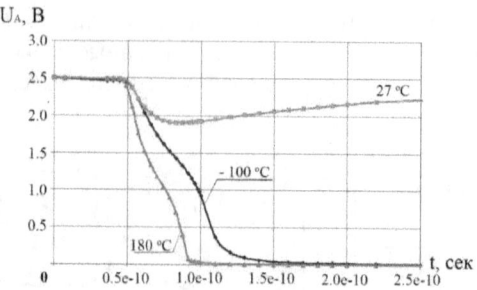

Рис. 4. Смоделированные для различных температур переходные процессы напряжение в точке А (Рис.1) при попадании частицы в транзистор М2.

Полученные результаты показали, что смешанное TCAD-SPICE моделирование дает возможность подробно исследовать влияние температуры на переходные процессы в структуре КНИ МОП транзистора и остальной части схемы КМОП ячейки памяти при прохождении через ячейку одиночных тяжелых частиц. Показана важность учета влияния температуры на устойчивость ячеек памяти к сбоям, вызываемым воздействием отдельных тяжелых частиц, т.к. стойкость при повышенной и пониженной температурах может быть хуже, чем при комнатной.

## Литература

1. LaBel, K.A., Barnes, C.E.; Marshall, C.J. A roadmap for NASA's radiation effects research in emerging microelectronics and photonics // Proceedings of the 2000 IEEE Aerospace Conf., Mar. 2000, vol.5, pp 535 - 545.

2. R. L. Patterson, Ahmad Hammoud, Malik Elbuluk Electronic Components for Use in Extreme Temperature Aerospace Applications // Abstract for the 12th International Components for Military and Space Electronics Conference (CMSE 08), San Diego, California, February 11-14, 2008.

3. W.A. Kolasinski, R. Koga, E. Schnauss, and J. Duffey The effect of elevated temperature on latchup and bit errors in CMOS devices // IEEE Trans. Nucl. Sci., No. 33, December 1986, pp. 1605-1609.

4. С. Зи, Физика полупроводниковых приборов: В 2-х книгах. Кн. 2, Пер. с англ. – 2-е перераб. и доп. изд. – М.: Мир, 1984. – 456 с.

5. D. Truyen, J. Boch, N. Renaud, E. Leduc, S. Arnal, F. Saigné Temperature Effect on Heavy-Ion Induced Parasitic Current on SRAM by Device Simulation: Effect on SEU Sensitivity// IEEE Trans. Nucl. Sci., Vol. 54, 2007, pp. 1025 – 1029.

6. Petrosyants K. O., Kharitonov I. A., Popov D. A. Coupled TCAD-SPICE Simulation of Parasitic BJT Effect on SOI CMOS SRAM SEU // Proceedings of IEEE East-West Design & Test Symposium (EWDTS'13), . Kharkov, 2013. pp. 312-315.

**Арпабеков М.И.**
магистрант
**Тогузбаева Ф.М.**
Евразийский национальный университет  им.Л.Н.Гумилева

## ЛОГИСТИЧЕСКАЯ КОНЦЕПЦИЯ УПРАВЛЕНИЯ АВТОТРАНСПОРТНЫМ ПРЕДПРИЯТИЕМ

Понятие материального потока является ключевым в логистике. Материальные потоки образуются в результате транспортировки, складирования и других материальных операций с сырьем, полуфабрикатами и готовыми изделиями – от первичного источника сырья до конечного потребителя. Материальные потоки протекают между различными предприятиями и внутри одного предприятия.

Материальными потоками называются грузы, детали, запасные части, топливно-смазочные материалы и т.д., расматриваемые в процессе приложения к ним различных логистических операций и отнесенные к временному интервалу.

Размерность материального потока представляет собой отношение единицы измерения груза (тонны, штуки и т.д.) к единице измерения времени (сутки, месяц, год и т.д.).

Материальный поток превращается в материальный запас, если его рассматривать в ходе осуществления некоторых логистических операций на заданный момент времени.

Материальный поток образуется в результате определенных действий с материальными объектами. Эти действия называют логистическими операциями. К логистическим операциям с материальным потоком можно отнести: транспортировку, погрузку, разгрузку, складирование, упаковку и другие операции. Управление материальным потоком требует сбора, обработки и передачи информации, соответствующей этому потоку. Материальный поток в экономике существует вместе с соответствующим информационным потоком. Все действия, связанные с преобразованием и движением этого информационного потока, также является логистическими операциями. Информационный поток – это совокупность циркулирующих в ЛС, между ней и внешней средой сообщений, необходимых для управления материальными потоком. Информационный поток существует в виде бумажных и электронных документов и измеряется количеством обрабатываемой или передаваемой информации за единиуц времени.

Управлять информационным потоком можно следующим образом:
- изменяя направление потока;

- ограничивая скорость передачи до соответствующей скорости приема;

- ограничивая объем потока до величины пропускной способности отдельного узла или участка пути.

Движение материального потока требует финансовых ресурсов. Материальный поток в экономике существует вместе с финансовым потоком.

Воспроизводство материальный продукции требует закупки материальных ресурсов на определенную сумму финансовых средств. Финансовые ресурсы в виде выходящего финансового потока из ЛС замещаются на материальный поток, входящий в данную систему. Поступивший в ЛС материальный поток складируется, обрабатывается и уходит из нее в потребление в обмен на поступающий в эту систему финансовый поток.

Финансовый поток – это совокупность финансовых ресурсов, циркулирующих в ЛС, и между ней и внешней средой денежных средств, необходимых для управления материальным потоком.

Движение материальных, информационных и финансовых ресурсов обеспечивается интеллектуальным и трудовым потенциалом кадров – участников логистического процесса. Параллельно с материальным, информационным и финансовым потоками существует кадровый поток. Кадровый поток – это совокупность перемещающихся трудовых ресурсов внутри ЛС и между ней и внешней средой. Кадровый поток включает трудовые ресурсы, выполняющие ЛО внутри ЛС и обеспечивающие связь (материальную, информационную и финансовую) и между системой и средой.

Разновидности циркулирующих потоков в ЛС, обеспечивающих производство материального продукта, определяют содержание ресурсной логистики, которая, как указывалось выше, включает материальную, информационную, финансовую и кадровую логистики.

Логистический подход к управлению материальными потоками требует интеграции отдельных участников логистического процесса в единую систему, способную быстро и экономично доставить необходимый товар в нужное место.

Цель ЛС: доставка необходимого товара нужного качества и количества в заданное место, в назначенное время с минимальными затратами.

Реализация целей ЛС достигается выполнением логистических функций (ЛФ). Логистическая функция – это укрупненная группа логистических операций. Основными логистическими функциями является:

- формирование хозяйственных связей по поставкам товаров или оказанию услуг;
  - определение объемов и направлений материальных потоков;
  - прогнозирование спроса на транспортные услуги;
  - определение последовательности продвижения товаров через места складирования;
  - развитие, размещение и организация складского хозяйства;
  - управление запасами в сфере обращения;
  - перевозка грузов и выполнение операций, связанных с данным процессом;
  - выполнение операций, предшествующих и завершающих процесс перевозки груза(упаковка, маркировка, погрузка-разгрузка и т.д.);
  - управление складскими операциями.

Свойства логистической системы:
  - целостная совокупность подсистем (элементов), взаимодействующих друг с другом; элементы системы – снабжение, производство, складирование, транспорт, потребление, информация и кадры и т.д.;
  - между элементами ЛС имеются существенные связи, которые с закономерной необходимостью определяют интегративные качества системы;
  - связи между элементами ЛС упорядочены, т.е. система имеет организацию;
  - ЛС обладает интегративными качествами, не свойственными ни одному из элементов в отдельности;
  - способность системы к адаптации обусловлена тем, что она функционирует в условиях ярко выраженной неопределенности.

Логистическая система есть адаптивная система с обратной связью, выполняющая логистические функции. Состоит, как правило, из нескольких подсистем (элементов) и имеет развитые связи с внешней средой.

## Литература:

1    Арпабеков М.И., Сулейменов Т.Б. Транспортная логистика // Учебник , I часть- ЕНУ им. Л.Н. Гумилева ISBN 978-601-601-7400-31-6 – ИИО ЕНУ им. Л.Н. Гумилева. Тираж 100 экз. Астана. 2012. 292 с.

2    Арпабеков М.И., Сулейменов Т.Б. Учебник, Транспортная логистика II часть- ЕНУ им. Л.Н. Гумилева ISBN 978-601-601-7400-31-6 – ИИО ЕНУ им. Л.Н. Гумилева. Тираж 100 экз. Астана. 2012. 258 с.

3 Арпабеков М.И., Сулейменов Т.Б. Системы доставки  товаров в международных сообщениях // Вестник Жезказганского  университета им. О.А. Байконурова 2012. №2(24). ЖезГУ. Жезказган. С.8-12.

4 Арпабеков М.И., Сулейменов Т.Б. Типизация моделирования работы автотранспортно- складской системы // Вестник Жезказганского университета им. О.А. Байконурова 2012. №2(24). ЖезГУ. Жезказган. С.3-8.

**Арпабеков М.И.**
**Бобеев А.Б.**
магистрант
**Агажанова К.Ж.**
магистрант
**Дуйсенов М.М.**
Евразийский национальный универсистет  им.Л.Н.Гумилева

## КОЛЕБАНИЯ КОНВЕЙЕРНОЙ ЛЕНТЫ

Рассмотрим задачу о колебаниях конвейерной ленты во взаимодействий с роликоопорами. Конвейерную ленту представляем как гибкую пластину многократно опирающуюся на роликоопоры [1,2]. Влияния роликоопор на колебания ленты рассматриваем как односторонние упругие связи.Итак, конвейерную ленту моделируем как шарнирно опертую с двух сторон пластинку с односторонними связями. Будем считать, что исследуемая конвейерная лента может опираться на произвольное число S роликоопор, при этом, может иметь место отрыв ленты от опор. Уравнения движения ленты при наличии  S роликоопор имеет вид :

$$D(\frac{d^4 w}{dx^4} + 2\frac{d^4 w}{dx^2 dy^2} + \frac{d^w}{dy^4}) \cdot \sum_{J=1}^{\delta} \delta(\xi_{JJ} \cdot \eta_j \; ; x, y) k_j x$$

$$x \cdot 0,5[Sin\omega \cdot (x,y,t) - d] + \delta \cdot \omega(x,y,t) + \rho h \frac{\partial^2 \omega}{\partial t^2}$$

Здесь    x,y   координаты срединной плоскости:

$\omega(x,y,t)$ – функция прогиба;

$\zeta_J, \eta_J$ –  координаты j- й опоры:

$k_j$ –      кооэффициент жесткости  j – опоры;

d -зазор между лентой и опорой;

h – толщина ленты;

D=Eh$^2$ /[12(1-$\gamma^2$)] – цилиндрическая жесткость;

$\rho$ - плотность материала ленты;

E – модуль упругости;

$\xi$ - коэффициент Пуассона;

t – время;

$\sigma(\zeta,\eta; x, y)$ – двумерная дельта-функция Дирака;

c – параметр, учитывающий работу роликоопор: c= 1 если роликоопора препятствует перемещениям в направлении действия нагрузки; c= - 1, если роликоопора препятствует перемещениям противоположного направления. В зависимости от значения величины d связь между роликоопорой и лентой может быть с зазором (d>0), без зазора (d=0) и натягом (d<0).

Учитывая граничные условия при x=0, x=a

$$\omega = 0, \qquad \frac{\partial^2 u}{\partial x^2} + \gamma \frac{\partial^2 u}{\partial y^2} = 0$$

И при y=0, y=b

$$\omega = 0, \qquad \frac{\partial^2 w}{\partial y^2} + \gamma \frac{\partial^2 w}{\partial x^2} = 0, \qquad\qquad (2)$$

Решение уравнения (1) будем искать в виде двойного ряда

$$\omega \cdot (x,y,t) = \sum_{m=1}^{M} \sum_{n=1}^{N} A_{\min}(t) Sin \frac{m\pi}{a} x \cdot Sin \frac{n\pi}{b} y, \qquad\qquad (3)$$

где a,b-размеры ленты вдоль осей x.y;

m,n-число прлуволн вдоль осей x.y;

В соответствии с методом Бубнова-Галеркина подставляя функцию прогибов (3) в уравнение (1), умножая получившееся уравнение на базисные функции Sin (mπx/a), Sin (mπy/a) и интегрируя в пределах соответственно от 0 до a и от 0 до b, в обыкновенных дифференциальных уравнений относительно функции $A_{mn}(t)$:

$$D\pi^4 \frac{ab}{4}\left(\frac{m^z}{a^z} + \frac{n^z}{b^z}\right) A_{mn}(t) + \sum_{J=1}^{S} K_J 0,5\{Sing[W \cdot (\xi_i, \eta_J, t) - d] + c\} \cdot \sum_{m_1=1}^{M} \sum_{n_1=1}^{N} A_{MN_{11}}(t) Sin \frac{m_1\pi}{a}$$

$$\cdot \xi_1 Sin \frac{n_1\pi}{b} \cdot \eta_1 Sin \frac{m\pi}{a} \cdot \xi_1 Sin \frac{n\pi}{b} \eta_J + \rho h \frac{ab}{4} \cdot \frac{d^2 A_{mn}(t)}{dt^2} = \frac{qab}{mn\pi^2}(const - 1)Sin\omega t \qquad (4)$$

$$(m = 1, M / n = 1, N)$$

Для построения периодических рещений нелинейных дифференциальных уравнений (4) воспользуемся методом продолжения периодических решений по параметру. Предположим, что при некотором значений параметра внешние нагрузки $q^*$ известно Т-периодическое решение $A_{mn}^*(t)$системы уравнений (4). Тогда при q= $q^*$+ q₁,тогда Т-периодическое решение системы можно представить в виде :

$$A_{mn}(t) = A_{mn}^*(t) + \Delta \cdot A_{mn}(t) \qquad\qquad (5)$$

где $\Delta A_{mn}(t)$-решение системы уравнений

$$\rho h \frac{ab}{4} \cdot \frac{d^z A_{mn}(t)}{dt^z} + D\pi^4 \frac{ab}{4}(\frac{m^2}{a^z} + \frac{n^z}{b^z})\Delta \cdot A_{mn}(t) + \sum_{J=1}^{S} k_j \cdot 0,5\{Sinq[\omega^*(\xi_j \cdot \eta_j \cdot t) - d] + c\}\cdot$$

$$Sin\frac{m\pi}{a}\xi_j \cdot Sin\frac{n\pi}{b} \cdot \sum_{m_1=1}^{M}\sum_{n_1=1}^{N}\Delta \cdot A_{m_1 n_1}(t) \cdot Sin\frac{m_1\pi}{a}\xi_j \cdot Sin\frac{n_1\pi}{b}\eta_j = \frac{\Delta qab}{mn\pi^2}(Cosn\pi - 1)\cdot \quad (6)$$

$$(Cosm\pi - 1)\cdot Sin\omega t$$

(m=1,M; n=1,N),

линеаризованных в окрестности состояния, соответствующего нагрузке q*;
Т-периодическое решение системы (6) будем искать в форме:

$$\Delta \cdot A_{mn}(t) = \sum_{i=1}^{z_{mn}} A_{mn_i} \cdot (t)\Delta a_i + Amnq(t) \quad (7)$$

где $A_{mni}(t)$-элементы нормированной фундаментальной матрицы решений системы (6) , приведенной к однородному виду;
$A_{mqi}(t)$-решение задачи Коши для линеаризованной системы при нулевых начальных условиях;

$\Delta \cdot \alpha_i$ -константы, определяемые итз условий периодичности:

$$\Delta \cdot \omega(x,y,0) = \Delta \cdot \omega(x,y,T), \Delta \cdot \omega(x,y,0) = \omega \cdot (x,y,T) \quad (8)$$
$$\Delta \cdot A_{mn}(0) = \Delta \cdot A_{mn}(T); \Delta \cdot A_{mn}(0) = \Delta \cdot A_{mn}(T), (m = 1, M; n = 1, N)$$

В результате подстановки выражения (7) в условия периодичности (8) получим истему 2MN линейных алгебраических уравнений относительно констант Δα. Найдя решение этой системы, вычислим приращения $\Delta \cdot A_{mn}(t)$, а затем полные решения системы, нелинейных уравнений (4), соответствующие значению интенсивности внешнего воздействия q*+q. При каждом вновь найденном значении q необходимо анализировать функцию прогибов (3) и устанавливать влияния роликоопор. За начальное состояние принимается положение ленты с нулевым значением амплитуды q внешнего воздействия, что соответствует w(x,y,)=0.

Для построения АЧХ расчет можно выполнять в два пути. На первом этапе находится решение, соответствующее интенсивности внешней нагрузке q. На первом этапе после перехода к безразмерному параметру $\tau = \omega t = 2\pi / T$ варьируется частота w, будем иметь вид:

$$\rho h \cdot \frac{ab}{4} \cdot \frac{d^z A_{mn}(\tau)}{d\tau^z} + D\pi^4 \frac{ab}{4}(\frac{m^z}{a^z} + \frac{n^z}{b^z}) \cdot \Delta A_{mn}(\tau) + \sum_{J=1}^{S} K_J 0,5\{Sinq[\omega^*(\xi_j \eta_j t) - d] + c\}\cdot$$

$$Sin\frac{m\pi}{b}\xi_J \cdot Sin\frac{n\pi}{a}\eta_J \cdot \sum_{m_1=1}^{M}\sum_{n_1=1}^{N}\Delta \cdot A_{m_1 n_1}(\tau) \cdot Sin\frac{m_1\pi}{a}\xi_1 \cdot Sin\frac{n_1\pi}{b} = -\rho h\frac{ab}{2}\omega^* \frac{d^z A_{m_1 n_1}(t)}{d\tau^2}\Delta\omega$$

(9)

(m=1,M; n=1, N)

При численной реализации решения задачи по изложенной схеме функции $A_{mn_i}(\tau), \Delta A_{mn_q}(\tau)$ при $0 \leq \tau \leq 2\pi$ будем вычислять методом конечных разностей.

С использованием изложенного алгоритма исследуем динамическое поведение конвейерной ленты многогкратно опирающееся на роликоопоры при действии гармонической нагрузки. Благодаря тому. Что напряженно-деформированное состояние такой ленты не зависит от координаты, направленной вдоль длинной стороны, искомая функция w оказывается зависящей от одной пространственной и временной координат. Поэтому выражение для функции прогибов можно принять в форме:

$$\omega \cdot (x,t) = \sum_{m=1}^{M} A_m(t) Sin \frac{m\pi}{a} x \qquad (10)$$

Тогда в уравнеиях (1),(4),(6), (9) исключается соответствующие члены.

Приняты следующие значения параметров уравнения (3) a=8m; E=210Гпа; h=0,165;γ=0,24;ρ=1000кг/м³; q=20кН. Проверка сходимости решения показывает, что в разложении (10) можно ограничится пятью членами (M=5).

В таком случае резонансные кривые w(w)/x=a/2 для случая, когда опора расположена по середине пролета без зазора (d=0) и воспринимает только усилия сжатия (c=1) при различной жесткости дополнительной опоры. Известно,что колебания ленты происходит относительно некоторого положения, смещенного относительно состояния равновесия. С увеличением жесткости опоры это смещение увеличивается, возрастают также собственные частоты конструкции.

Других случаях формы колебаний $\omega_0(t) = \omega \cdot (a/2)$, ленты при $K_1 = 5MH/m, q = 20kH$. Во всем исследованном диапазоне частот, кроме зоны главного резонанаса, имеет место наложение высокочастотных колебаний на основную форму движения. При частоте возмущающей нагрузки, равной половине первой резонанасной наблюдаются субрезонансные колебания, обусловленные конструктивной нелинейностью рассматриваемой динамической системы.

Аналогияный вид имеют резонансные кривые и временные формы колебаний ленты при наличий двух и более опор, расположенныхсимметрично относительно середины пролета.

Таким образом, роликоопоры оказывают значительные влияние на значения низших резонансных частот ленты. При этом несимметричное расположение роликоопор приводит к существенному усложнению пространственно-временной конфигурации деформируемой ленты.

Рассмотрим процессы колебания конвейерной ленты, взаймодействующей с конечным числом роликоопор , расположенных с постоянным шагом между барабанами. При этом роликоопоры примем за упругое основание и конвейерная лента обладает способностью отрыватся от основания под действием динамической нагрузки. Учет отрыва ленты от роликоопор при ее движении связан со значительными математическими трудностями, посклько уравнения движения в этом случае имеют переменную структуру. При действий на ленту динамической нагрузки изменяются зоны соприкосновения и интервалы времени, в которых проитсходит контакт.

Исследуем вынужденные колебания удлиненной шарнирно-опертой пластинки, односторонне контактирующей с упругим основанием, при действии гармонической по времени нагрузки. Движение пластинки в этом случае описывается уравнением, полученным из (1) исключением функции $\delta(\xi_J, n_J, X, Y)$. Учитывая, что размер пластинки вдоль оси Y значительно превышает размер вдоль оси X, будем иметь:

$$D\frac{\partial^4 \omega(x,t)}{\partial x} + 0,5[Sing\,\omega(x,t)+1]k_0 \cdot \omega \cdot (x,t) + ph\frac{\partial^2 \omega(x,t)}{\partial t^2} = q\cdot(x,t) \qquad (11)$$

где $k_0$-коэффициент упругости основания

Решение уравнения (1) зададим в виде (10). Применяя метод Бубнова-Галеркина, получим разрешающую систему нелинейных обыкновенных дифференциальных уравнений относительно $A_m(t)$

$$D\frac{(\pi m)^4}{(a)^4} \cdot \frac{a}{2} \cdot A_m(t) + \int_0^a 0,5\left[Sinq\sum_{m_1=1}^{M} A_{m_1} \cdot (t) Sin\frac{m\pi x}{a} + 1\right]X$$

$$X \cdot k_0 \cdot \sum_{m_1=1}^{m} A_m(t) \cdot Sin\frac{m_1\pi x}{a} \cdot Sin\frac{m\pi x}{a}dx + qa\cdot\frac{d^2 A_m(t)}{d^2 t} \cdot \int_0^a q(x,t) \cdot Sin\frac{m\pi x}{a}dx \qquad (12)$$

(m=1,M)

При действии на ленту равномерно распределенной гармонической нагрузки $q \cdot (x,t) = qSin\omega t$ интеграл в первой части уравнения(12) будет равен:

$$\int_0^a q \cdot Sin\omega t \cdot Sin\frac{m\pi x}{a}dx = \frac{qa}{m\pi}(1 - Cosm\pi) \cdot Sin\omega t \qquad (13)$$

Уравнения (12) и (13) решены численным методом. Приведем результаты исследования колебаний ленты со следующими значениями ее геометрических и физических параметров:
a=3м, h=0,165м, E=210ГПа, q=1000Н/м$^3$.

С увеличением жесткости роликоопор значение резонансных частот возрастают и время взаймодействия ленты с роликоопорами сокращается. Учет взаимодействия ленты с роликоопорами приводит к перестройке формы движения и усложнению всей пространственно-временной конфигурации. Имеют место высокочастотные колебания ленты, накладывающиеся на основную форму движения.

## Литература:

1 М.И.Арпабеков, А.Б. Бобеев, Б. Кульджабеков. «Оптимизация параметров загрузочных устройств центрирующим лотком». Научный журнал МОиН РК Ізденіс (Поиск) .№3/2006г.с.316-318.

2. А.А.Бобеев, М.И. Арпабеков. Реконструкция загрузочных устройств ленточных конвейеров. Всероссийская конференция «Актуальные проблемыстроительной отраслей»(65-ая научно техническая конференция НГАСУ (Сибстрин), Тезисы докладов. Новосибирск. 2008. стр. 177-178.

**Арпабеков М.И.**
**Бобеев А.Б.**
магистрант
**Агажанова К.Ж.**
магистрант
**Смагулов С.Ж**
Евразийский национальный университет им.Л.Н.Гумилева

## МОДЕЛИРОВАНИЕ КОНВЕЙЕРНОЙ ЛЕНТЫ

Конвейерную ленту моделируем как пологую цилиндрическую оболочку удлиненную вдоль оси Y с шарнирно неподвижными опорами вдоль образующей при действии равномерно распределенной периодической по времени нагрузки [1,166]. Влияние роликоопор на колебания ленты учитываются через упругое основание. Уравнения движения рассматриваемой оболочкив геометрически нелинейной постановке преставим в ивде:

$$D\frac{\partial^4 \omega \cdot (x,t)}{\partial x^4} + \sigma_x h\frac{\partial^2 \omega \cdot (x,t)}{\partial x^2} + \frac{\sigma_x h}{R} + K_0\frac{[Sinq \cdot \omega(x,t)+d]}{2}\cdot x \quad (1)$$

$$x \cdot \omega(x,t) = \rho h\frac{\partial^2 \cdot \omega(x,t)}{\partial t^2} = q \cdot (x,t)$$

где использованы предыдущие обозначения: R-радиус кривизны оболочки;

$$\sigma_X = \frac{E}{a\cdot(1-\gamma^2)}\cdot\left[\int_0^\phi \frac{\omega}{R}dx - \frac{1}{2}\int_0^a (\frac{\partial \omega}{\partial x})^2 dx\right];$$

где γ-коэффицицспт Пуассона;

a-длина короткой ленты.

После подстановки в уравнение движения (1) выражения

$$\omega \cdot (x,t) = \sum_{m=1}^M A_m(t) \cdot Sin\frac{m\pi x}{a} \quad (2)$$

для прогиба спроецируем полученные уравнения на систему функций $Sin \cdot (m\pi x/a)$, (m=1,M):

$$\int_0^a \left\{ D\frac{\partial^4 \sum_{i=1}^M A_i \cdot (t)Sin(i\pi x/a)}{dx^4} + \sigma_X h\cdot \frac{\partial^2 \sum_{i=1}^M A_i(t)Sin(i\pi x/a)}{dx^2} + \frac{\sigma_x h}{R} + k_0\cdot\frac{[Sinq\,\omega(x,t)]}{2}\cdot\right.$$

$$\sum_{i=1}^M A_i(t)Sin\frac{i\pi}{a}x + \rho h\cdot\sum_{i=1}^M \frac{\partial^2 A_i(t)}{\partial t^2}\cdot Sin\frac{i\pi}{a}x\bigg\} \cdot Sin\frac{m\pi}{a}\cdot xdx = \int_0^a q(x,t)Sin\frac{m\pi}{a}xdx, \quad (3)$$

(m=1,M)

Значения интервалов:

17

$$I_m = \int_0^a k_0 \cdot \frac{[Sin q\, \omega \cdot (x,t) + d]}{2} \cdot Sin\frac{m\pi}{a} x_j \sum_{i=1}^M A_i(t) Sin\frac{m\pi}{a} x \cdot \Delta \cdot x_j, \ (m=1,M)$$

Остальные интегралы, входящие в последнее дифференециальное уравнение, могуть быть вычислены аналитически.

Рассмотрим случай действия на ленту нагрузки q(x,t)=qCos wt.

Разрешающая система нелинейных обыкновенных дифференциальных уравнений имеет вид:

$$D(\frac{\pi}{a})^4 \cdot m^4 \frac{a}{2} A_m(t) - \sigma_x h(\frac{\pi}{a})^2 \cdot m^2 \frac{a}{2} A_m(t) + \sigma_x \frac{h}{R} \cdot \frac{a}{m\pi}(1 - Cos m\pi) +$$

$$\sum_{j=1}^L k_0 \frac{[Sin q\, \omega(x_j,t) + d]}{2} \cdot Sin\frac{m\pi}{a} x_j \cdot \sum_{j=1}^M A_j(t) Sin\frac{i\pi}{a} \cdot x_j \Delta x_j + \frac{a}{2} \rho h \cdot \frac{d^2 A_m(t)}{dt^2} = \quad (4)$$

$$\frac{\rho a}{m\pi} \cdot (1 - Cos \cdot m\pi) Cos \omega \cdot t, (m = 1, M)$$

Для ее решения используем метод построения периодических решений уравнений рассматриваемого типа. Примем следующие значения параметров системы (4): a=3м.; h=0,01м.; E=210ГПа;γ =0,24;ρ =780н/м[3.]

Таким образом, учет отрыва ленты от роликоопор существенно сказывается на значении нагрузки, соответствующей моменту потери устойчивости колебаний, а также на занчениях резонанасных частот ленты. Формы движения ленты с изменением параметра интенсивности внешней периодической нагрузки значительно перестраиваются. Заслуживает внимания эффект некоторого снижения критического значения нагрузки когда учитывается взаймодействие ленты с роликоопорами.

Основным элементом загрузочного устройства испытывающее ударное воздействие является его приемная площадка. Последнюю примем в виде прямоугольной плиты с массой $m_2$, а массу ударящего тела через $m_1$

.

Тогда уравнения движения этой системы могут быть записаны в следующем виде:

$$\begin{cases} m_1 \ddot{y} + \ddot{z} = 0, & |y| < d/2, \\ \dot{y}(t_+^*) = -k\dot{y}(t_-^*), & |y| = d/2. \\ \ddot{z} + z = \mu \sin \nu t + m_2 y. \end{cases} \quad (5)$$

здесь y – относительная координата тела и поглотителя;

z – координата центра масс системы;

d – величина зазора;

k – коэффициент восстановления при ударе.

Без ограничения общности примем $m_1 + m_2 = 1$ и $k=1$ – жесткость пружины.

Замена переменных $y \to x$ по формуле:

$$y = d\pi^{-1}\left[\Pi(x) - (1-k)(1+k)^{-1}\cos x^x\right] \quad (6)$$

приводит задачу к системе, рассматриваемой на бесконечном интервале времени и не содержащей разрывов типа δ-функцией.

где П – поверхности, определяемые уравнением $\|r\|^4\lambda(r) = 1$, r – произвольный вектор; λ(r) – характеристическая функция системы (1).

Преобразованная система имеет вид:

$$\ddot{x} = -\left[\pi(dm_1)^{-1}\left(-z + \mu\sin\nu t + m_2 y\right) + e\dot{x}^2\cos x\right]\cdot\left[k\sin x + M(x)\right]^{-1},$$
$$\ddot{z} + z = \mu\sin\nu t + m_2 d\pi^{-1}\left[\Pi(x) - e\cos x\right]. \quad (7)$$

здесь $M(x)=\text{syncos}x_x$ и использовано обозначение $e=(1-k)(1+k)^{-1}$.

Будем исследовать систему (3) методом осреднения, считая μ, е, $m_2$ и $d^{-1}$ малыми, $e\sim\mu$, $m_2\sim\mu^2$. Напишем систему (3) в нормальной форме Коши, ограничиваясь малыми первого порядка:

$$\dot{\alpha}_1 = \beta_1, \dot{\beta}_1 = \pi(dm_1)^{-1}\alpha_2 M(\alpha_1) - e\beta_1^2\cos\alpha_1 M(\alpha_1),$$
$$\dot{\alpha}_2 = \beta_2, \dot{\beta}_2 = -\alpha_2 + \mu\sin\gamma + m_2 d\pi^{-1}\left[\Pi(\alpha_1) - e\cos\alpha_1\right] \quad (8)$$
$$\dot{\gamma} = \nu.$$

Используем решения порождающей системы для преобразования переменных $(\alpha_1, \beta_1, \alpha_2, \beta_2, \gamma) \to (x_1, x_2, y_1, y_2, y_3)$

$$\alpha_2 = x_1\sin y_1, \beta_2 = x_1\cos y_1, \alpha_1 = y_2, \beta_1 = x_2, \gamma = y_3. \quad (9)$$

В новых переменных уравнения (4) имеют стандартную форму:

$$\dot{x}_1 = \mu\sin y_3\cos y_2 + m_2 d\pi^{-1}\Pi(y_2)\cos y_1,$$
$$\dot{x}_2 = \pi x_1(dm_1)^{-1}M(y_2)\sin y_1 - ex_2^2\cos y_2 M(y_2),$$
$$\dot{y}_1 = 1 - \mu x_1^{-1}\sin y_1\sin y_3 - m_2 d(\pi x_1)^{-1}\Pi(y_2)\sin y_1. \quad (10)$$
$$\dot{y}_2 = x_2, \dot{y}_3 = \upsilon$$

Переменные $x_1$, $x_2$ – медленные, переменные $y_1$, $y_2$, $y_3$ – быстрые. В дальнейших работах изучим сложный резонанс этой системы.

## Литература:

1.А.Б.Бобеев, М.И.Арпабеков,Б.Кульджабеков Исследование колебаний быстровращающегося слоистого цилиндра с полостью частично заполненного идеальной жидкостью Межд.сборник науч. трудов «Актуальные проблемы современности», Болашак-баспа, Караганда,2004г.,Выпуск-2,с.166-168.

**Лубенцова Е.В.**
доцент, канд. техн. наук,
Невинномысский технологический институт Северо-Кавказского
федерального университета

## СРАВНЕНИЕ И ВЫБОР АЛГОРИТМОВ ИНТЕЛЛЕКТУАЛЬНЫХ САУ НА ОСНОВЕ НЕЧЕТКИХ ПРЕДПОЧТЕНИЙ

Повышение требований к системам автоматического управления (САУ), совершенствование принципов их построения, настоятельная необходимость учитывать большое (и все возрастающее) число критериев и ограничений влечет за собой необходимость совершенствования методов выработки и принятия решений в задаче оценки и выбора алгоритмов управления этих САУ. В условиях неопределенности данная задача может быть сведена к задаче многокритериального сравнения и выбора алгоритмов управления систем на основе анализа содержательной (качественной и количественной) информации о перечне ранжируемых критериев и шкал. Практически всегда при проектировании нельзя описать строгое предпочтение выбора какого-то из вариантов, так как этот выбор зависит от очень большого числа трудно учитываемых и плохо формализуемых факторов. Но в противоположность этому можно формализовать нестрогие предпочтения, используя шкалу оценки интенсивности относительной важности [1,53].

На сегодняшний день предложено достаточно много разнообразных алгоритмов управления, вплоть до так называемых «нечетких» регуляторов [2, 80], интеллектуальных ПИД регуляторов [2,159], настраиваемых с помощью многослойных нейронных сетей (НС) путем привнесения дополнительной гибкости в соотношение их настроечных параметров за счет использования нелинейных свойств НС [3,15] и др. В связи с этим большое значение приобретает задача сравнения и выбора таких алгоритмов управления САУ, которая удовлетворяла бы комплексу требований относительно качества проектирования, реализации и функционирования.

В данной работе рассмотрена комбинированная методика сравнения, оценки и выбора рациональных алгоритмов САУ, разработанных авторами на базе нечеткой логики и нейросетевой технологии. В основу методики положены метод анализа иерархий [1,53] и нечетких моделей [3].

Решение многокритериальной задачи выбора алгоритмов управления рассмотрено на примере разработки интеллектуальной системы для управления биотехнологическим процессом. Для обоснованного представления альтернатив и их ранжирования предлагается при составлении перечня критериев сравнения алгоритмов управления систем использовать в оценочных шкалах интервальные данные, не требующие проверки статистических гипотез. Это позволит учитывать выявленные системные связи в управлении и повышении качества систем при наличии интервальной неопределенности в данных. В результате решения многокритериальной задачи выбора с помощью МАИ получено уравнение, позволяющее оценить эффективность управления (ЭУ) с предложенными алгоритмами управления:

$$ЭУ = 0{,}4698*A5 + 0{,}2333*A3 + 0{,}2125*A4 + 0{,}0637*A2 + 0{,}0363*A1,$$

где А1 – пропорционально-интегрально-дифференциальный регулятор; А2 – нечеткий регулятор с двумя входами: концентрацией субстрата и уровнем среды в аппарате; А3 – нечеткий регулятор с двумя входами: концентрацией биомассы и концентрация субстрата; А4 – нейро-нечеткий регулятор (ННР) с базой правил БП1 и выводом по Мамдани; А5 – нейро-нечеткий регулятор (ННР) с базой правил БП2 и выводом по Сугено.

Наилучшей считается альтернатива А5 с максимальным значением глобального приоритета. В данном случае это нейро-нечеткий алгоритм управления (А5) процессом биосинтеза в режиме хемостата и турбидостата с выводом по Сугено. Несмотря на положительный результат решения задачи, следует отметить, что МАИ не лишен недостатков: это ограничение на число одновременно сравниваемых объектов, допущение о взаимной независимости критериев, изменение порядка ранее ранжированных вариантов с добавлением новых альтернатив. Для исключения недостатков МАИ рассмотрен метод многокритериального решения задачи выбора на основе нечеткой теории принятия решений [4]. Данный метод в отличии от МАИ не изменяет порядок ранее ранжированных вариантов и при оценке альтернатив по критериям возможна как лингвистическая оценка, так и точечная оценка с использованием функций принадлежности критериев. Согласно принципу Беллмана-Заде [5,172], наилучшей будет альтернатива, которая в наибольшей степени одновременно удовлетворяет всем критериям. Нечеткое решение представляет собой пересечение частных критериев [5,172]:

$$\widetilde{D} = \widetilde{K}_1^{\ \alpha_1} \cap \widetilde{K}_2^{\ \alpha_2} \cap ... \cap \widetilde{K}_n^{\ \alpha_n} = \left\{ \frac{\min_{i=1,n}(\mu_{k_i}^{\alpha_i}(A_1))}{A_1}, \frac{\min_{i=1,n}(\mu_{k_i}^{\alpha_i}(A_2))}{A_2}, ..., \frac{\min_{i=1,n}(\mu_{k_i}^{\alpha_i}(A_k))}{A_k} \right\}, \quad (1)$$

где $\alpha_i$ – коэффициент относительной важности критерия $K_i$, причем $\alpha_1 + \alpha_2 + ... + \alpha_n = 1$.

Показатель степени $\alpha_i$ в формуле (1) концентрирует функцию принадлежности нечеткого множества $K_i$ в соответствии с важностью критерия $K_i$. Коэффициенты относительной важности критериев были определены с помощью метода парных сравнений Саати [1,53]. В соответствии с нечетким решением (1) наилучшим будет алгоритм управления с максимальной степенью принадлежности [5,172]:

$$D = \arg\max (\mu_D(A_1), \mu_D(A_2), ... , \mu_D(A_k)).$$

Исходя из результатов нечетких множеств, получен следующий результат:

$$\widetilde{D} = \left\{ \frac{0,322}{A_1}, \frac{0,339}{A_2}, \frac{0,462}{A_3}, \frac{0,528}{A_4}, \frac{0,759}{A_5} \right\}.$$

Анализируя полученное нечеткое решение, можно сделать вывод о преимуществе алгоритма $A_5$ перед остальными, а также о слабом преимуществе варианта $A_2$ над вариантом $A_1$ и варианта $A_4$ над вариантом $A_3$. Результаты, полученные с использованием МАИ и нечетких множеств, совпадают и хорошо согласуются с интуитивными представлениями экспертов. Это объясняется тем, что исходная информация для обоих методов является последовательной и непротиворечивой. Последнее было подтверждено расчетом отношения согласованности, равном 1,93%, что удовлетворяет требованию МАИ (должно быть меньше 10 %) [1,25]. Решение задачи рассмотренными методами показало устойчивость результатов относительно исходных данных. Высокие значения глобального приоритета подтвердили эффективность применения нейро-нечетких алгоритмов управления.

Таким образом, показана практическая полезность методики выбора, реализующей алгоритмы ранжирования и выбора лучших вариантов по критерию оценивания, содержащему компоненты как с четкими, так и с нечеткими значениями. Реализация такой методики позволяет совместить различные способы представления значений компонентов критерия оценивания и повысить значимость качественных компонентов оценивания при выборе лучших вариантов алгоритмов управления в нечеткой среде. Достоинством методики является отсутствие необходимости количественной и точной оценки альтернатив по всем критериям. Для обоснованного представления альтернатив и их ранжирования предлагается при составлении перечня критериев сравнения алгоритмов управления использовать в оценочных шкалах интервальные данные, не требующие проверки статистических гипотез.

## Литература

1. Саати Т.Л. Принятие решений. Метод анализа иерархий / Пер. с англ. М.: Радио и связь. 1993.
2. Сигеру Омату, Марзуки Халид, Рубия Юсоф. Нейроуправление и его приложения. Кн. 2 /. Пер. с англ. Н.В. Батина. Под ред. А.И. Галушкина, В.А. Птичкина. М.: ИПРЖР. 2000.
3. Лубенцов В.Ф., Масютина Г.В. Сравнение и выбор структуры каскадных САУ на основе нечетких предпочтений / Автоматизация в промышленности. № 6, 2011.
4. Штовба С.Д. Введение в теорию нечетких множеств и нечеткую логику [электронное издание] / URL: http://matlab.exponenta.ru/fuzzylogic/book1/4_6.php.
5. Беллман, Р. Принятие решений в расплывчатых условиях / Р. Беллман, Л. Заде. – В кн.: Вопросы анализа и процедуры принятия решений. – М.: Мир, 1976.

**Петросянц К.О.** - профессор, д.т.н
**Кожухов М.В.** - аспирант
Московский институт электроники и математики Национального исследовательского университета «Высшая школа экономики»

# СХЕМОТЕХНИЧЕСКАЯ SPICE-МОДЕЛЬ БИПОЛЯРНОГО ТРАНЗИСТОРА, УЧИТЫВАЮЩАЯ ВЛИЯНИЕ РАЗЛИЧНЫХ ВИДОВ РАДИАЦИИ

## ВВЕДЕНИЕ

При разработке электронной аппаратуры используют схемотехническое моделирование с помощью SPICE подобных программ, таких как HSPICE, Eldo, Spectre и др. Существует целый ряд областей, где основным воздействующим фактором является нейтронное, протонное, электронное и гамма-излучение. К сожалению, стандартные программы SPICE моделирования не учитывают влияние различных видов радиации. В данной статье была разработана SPICE-модель для Si и SiGe биполярных транзисторов с учетом воздействия различных видов радиации.

## SPICE-МОДЕЛЬ БИПОЛЯРНОГО ТРАНЗИСТОРА, УЧИТЫВАЮЩАЯ ВЛИЯНИЕ РАЗЛИЧНЫХ ВИДОВ РАДИАЦИИ

При воздействии разных видов излучений на Si биполярные транзисторы (БТ) и SiGe гетеропереходные биполярные транзисторы (ГБТ) происходит деградация их электрических параметров из-за образования в объеме полупроводника вторичных дефектов, которые изменяют время жизни неосновных носителей заряда, снижают концентрацию основных носителей и уменьшается подвижность. Дефекты также образуются вблизи границы раздела Si/SiO$_2$. Эти радиационные дефекты приводят к увеличению тока базы и к уменьшению коэффициента передачи по току. Для схемотехнического моделирования электронной аппаратуры работающей в условиях повышенной радиации требуется SPICE-модели, которые бы учитывали все описанные эффекты.

Для построения SPICE-модели использовался макромодельный подход. В макромодели для учета влияния разных радиационных излучений используются следующие схемные элементы (см. рис. 1):

- источник тока I$_6$(D), описывающий спад усиления в области малых токов после облучения и описывается следующим уравнением [2, 23]:

$$I_b(\text{D}) = I_{sd}\left(1 + K_d \cdot D\right)\left(e^{\frac{U_{BE}}{n_{ed}\cdot\varphi_t}} - 1\right) + I_{ss\max}\left(1 - e^{-K_s\cdot D}\right)\left(e^{\frac{U_{BE}}{n_{es}\cdot\varphi_t}} - 1\right); \quad (1)$$

где: I$_{sd}$, I$_{ssmax}$, K$_d$, K$_s$, n$_{ed}$, n$_{es}$, – подгоночные коэффициенты; D – поглощенная доза излучения или поток частиц; U$_{бэ}$ – напряжение база-эмиттер, $\varphi_t$ – тепловой потенциал;

- источник тока $I_{cor}(D)$, учитывающий уменьшение тока насыщения транзистора после полученной дозы и описываемый уравнением:

$$I_{cor}(D) = I_d(D)\left(e^{\frac{U_{CE}}{n_{es}\cdot\varphi_t}}\right); \qquad I_d(D) = v + g\left(e^{-h\cdot D}\right), \qquad (2)$$

где: v, g, h – подгоночные коэффициенты; $U_{кэ}$ – напряжение коллектор-эмиттер;

- источник напряжения $V_{cor}(D)$ нужен для учета сдвига тока коллектора в режимах насыщения и в предпробойной области активного режима и описывается следующим уравнением:

$$V_{cor}(D) = RL\cdot\left[\sqrt{C\cdot D}\left(1 - e^{\frac{U_{CE}\cdot B}{n_{es}\cdot\varphi_t}}\right)\right]; \qquad RL = \frac{1}{1 + L\cdot e^{R\cdot V_{ce}}}, \qquad (3)$$

где: B, C, R, L – подгоночные коэффициенты.

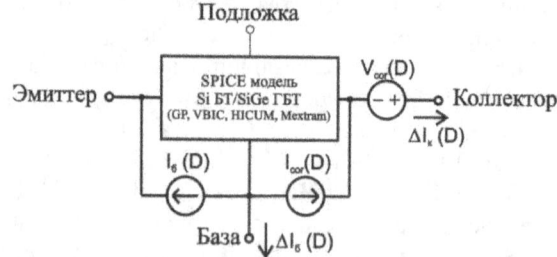

Рис. 1 – SPICE модель биполярного транзистора, учитывающая различные виды радиации

Разработанная макромодель в отличие от других известных моделей [1-4], имеет большую гибкость в описании изменения базового тока с достаточной степенью точности. Кроме того, учитывается изменение напряжения насыщения и пробивного напряжения на выходных характеристиках БТ после облучения.

РЕЗУЛЬТАТЫ МОДЕЛИРОВАНИЯ ХАРАКТЕРИСТИК Si БТ И SiGe ГБТ

Разработанная SPICE макромодель использовалась для моделирования ВАХ Si БТ и SiGe ГБТ с учетом влияния нейтронного, протонного, электронного и гамма-излучений. Проводилось моделирование и сравнение с экспериментальными данными для следующих транзисторов:

Si БТ с параметрами: $\beta = 70$, $f_T = 5,1$ ГГц и $f_{max} = 1,9$ ГГц;

SiGe ГБТ с параметрами: $\beta = 450$, $f_T = 200$ ГГц, $f_{max} = 100$ ГГц (IBM, технология 8HP);

SiGe ГБТ с параметрами: $\beta = 1250$, $f_T = 350$ ГГц, $f_{max} = 250$ ГГц (IBM, технология 8T).

На рис. 2 представлены результаты моделирования (линии) и экспериментальные данные (точки) коэффициента усиления Si БТ и SiGe ГБТ после облучения γ-квантами (а), протонами (б), электронами(в) и нейтронами(г).

На рис. 3 представлены выходные характеристики SiGe ГБТ до и после облучения γ-квантами.

Как видно из представленных на рис. 2 – 3 данных, расхождения между измеренными (точками) и смоделированными (линиями) характеристиками Si БТ и SiGe ГБТ не превышают 10-15%.

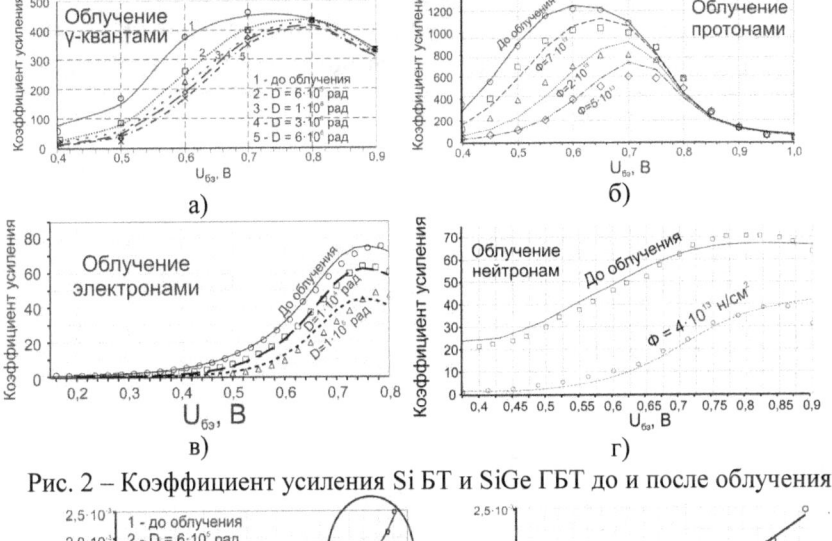

Рис. 2 – Коэффициент усиления Si БТ и SiGe ГБТ до и после облучения

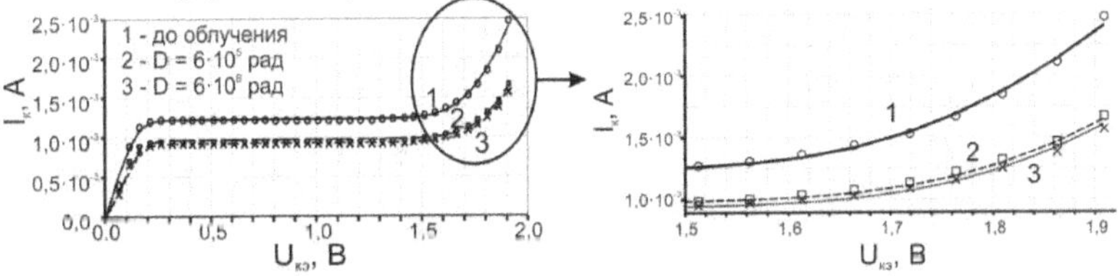

Рис. 3 – Выходная характеристика SiGe ГБТ до и после облучения

## ЗАКЛЮЧЕНИЕ

Итогом работы является создание SPICE-макромодели биполярного транзистора, учитывающей изменение входных и выходных характеристик Si БТ и SiGe ГБТ в результате воздействия различных видов радиации. Результаты схемотехнического моделирования совпадают с экспериментальными данными с точностью 10-15%.

## СПИСОК ЛИТЕРАТУРЫ

[1] Van Uffelen et all. SPICE Modeling of a Discrete COTS SiGe HBT for Digital Applications up to MGy Dose Levels// IEEE Trans. on Nuclear Science, 2006 v. 53, N4, p.p. 1945 – 1949.

[2] Петросянц К. О., Харитонов И. А. Модели МДП и биполярных транзисторов для схемотехнических расчётов БИС с учётом радиационного воздействия // Микроэлектроника РАН, 1994, т. 23, № 1, с. 21–34.

[3] P. Leroux et all. "Modeling, Design, Assessment of 0.4 µm SiGe Bipolar VCSEL Driver IC Under γ-Radiation", IEEE Trans. on Nuclear Science, vol. 56, N4, 2009, pp. 1920 – 1925.

[4] Deng Yanqing T.A. Fjeldly et all. SPICE modeling of neutron displacement damage and annealing effects in bipolar junction transistors // IEEE Transactions on Electron Devices, Vol: 50, №6, 2003, pp. 1873 – 1877.

**Крукович М.Г.**
д.т.н., профессор
**Клочков Н.П.**
аспирант
Московский государственный университет путей
сообщенияya.bormag@yandex.ru ; nikinyo@mail.ru

# БОРИРОВАНИЕ И АЗОТИРОВАНИЕ - ПУТЬ ПОВЫШЕНИЯ ДОЛГОВЕЧНОСТИ ДЕТАЛЕЙ МАШИН И ИНСТРУМЕНТОВ

Рассматриваемые процессы относятся к химико-термической обработке металлов и сплавов. Их применяют для повышения износостойкости, твердости, усталостной прочности и т.п. Общим для них является возможность обработки практически всех сталей и отсутствие необходимости проведения окончательной термической обработки, что позволяет совмещать процесс упрочнения с операциями термической обработки металла основы (высоким отпуском, нормализацией, закалкой, старением). Эти упрочняющие процессы проводят в газовых, жидких, твердых и плазменных средах в широких температурных интервалах.

*Процесс борирования.* Правильный выбор способа борирования и технологии осуществления позволяет охватить широкий спектр условий эксплуатации деталей и инструментов: трение без смазывающего материала на воздухе и вакууме, работа при низких и высоких температурах, в условиях абразивного гидроабразивного и коррозионно-механического изнашивания, в контакте с расплавленными металлами и солями и т.п. В качестве примеров следует привести некоторые наименования деталей, упрочняемых борированием, по отраслям промышленности. В скобках указано повышение стойкости в разах.

**Металлургическая промышленность:** сита центрифуг (1,5), направляющие ролики (5), траки и ролики трубосварочного стана (4), ролики конвейеров (4-6), зубчатые колеса механизмов (3-4), валки (2-4), волоки, дорна (сердечники), применяемые для волочения труб (6-8).

**Горнодобывающая промышленность:** диски турбобура (4), штоки буровых насосов (5), втулки буровых насосов (3-4), шестерни открытых зубчатых передач (3,5), втулки и уплотнительные кольца грязевых насосов (3,5), элементы втулочно-роликовой буровой цепи (2), пальцы черпаковых цепей земснарядов (2-3), втулки конвейеров (4-6).

**Текстильная промышленность:** нитеводы (4), ножи (3), прижимные лапки (5-6), челноки (3-5), пальцы (8-10), приводные ролики (6-8).

**Сельское хозяйство и пищевая промышленность:** детали барабана молотильного аппарата зерновых комбайнов (10-15), цепи и направляющие, работающие в среде минеральных удобрений (3), втулки, шестерни, ножи центробежной свеклорезки (3-5).

**Химическая промышленность:** насадки обогревательных элементов крутильно-вытяжных машин при производстве химического волокна (10), шестерни насоса подачи цементно-битумной массы (3), пресс-формы (3-5), шнеки (3-5), фильеры для протягивания армированных волокон (2-2,5).

**Машиностроение:** втулки быстроходного судового дизеля (2,8), армирующие пластины или форсунки пескоструйного аппарата (6), лопатки дробеструйного аппарата (10), пальцы траков гусениц (5), детали станков (3-5), плунжеры и втулки топливных насосов высокого давления (3-10), гильзы гидрораспределителя гидравлического привода коробки передач тракторов и автомобилей (3-4),направляющие накладки станков (6-8), цанги (5-6), копиры (3-4), мерительный инструмент (3-5), кондукторные втулки (2-3), оси и пальцы (4-8), режущий твердосплавный инструмент (1,5-2,5), плашки и метчики (1,5-3), штампы холодной штамповки (2-15), штампы и вставки горячей штамповки (1,5-4), прошивни (2,5-3), выталкиватели (3-4), пресс-формы литья алюминиевых сплавов (2-15).

**Фарфорофаянсовое производство, производство керамики и стекла:** детали и оснастка стекольного производства (10), пресс-формы (6-8), смесители (4-6), формовочные пуансоны (8-10), формы или вставки форм для изготовления кирпича (4-5).

**Полиграфическая промышленность:** шестерни фальцаппарата (8), кулачки (6-8), собачки (5-8), режущие элементы (2-4).

Таким образом, эффективность применения процесса борирования не вызывает сомнений. Основным недостатком борированных слоев является их повышенная хрупкость. В настоящее время разработаны эффективные методы снижения хрупкости и повышения эксплуатационных характеристик этих слоев [1, 92].

Общими взаимосвязанными путями снижения хрупкости боридных фаз является их оптимальное микролегирование и создание благоприятного напряжённого состояния. Эти пути реализуются следующими технологическими мероприятиями: микролегированием слоя из обрабатываемого материала или из насыщающей среды; снижением содержания в слое хрупкой высокобористой фазы FeB; предварительной обработкой поверхности; установлением оптимальных температурно-временных условий; проведением ступенчатого режима по температуре, электрическим и технологическим параметрам; применением концентрированных источников энергии; назначением толщины боридного слоя, соответствующей допустимому её значению для выбранной марки стали; скоростью охлаждения после насыщения;

проведением дополнительной обработки получаемых боридных слоёв; проведением окончательной термической обработки металла основы.

Снижение напряжений в слое боридов, помимо применения отмеченных технологических мероприятий, может быть обеспечено также следующими путями: получением слоя с разобщёнными боридными иглами; обеспечением оптимального соотношения боридных фаз; регулированием степенью текстурованности слоя боридов; регулированием толщиной сплошного слоя и степенью игольчатости боридов (плотностью слоя и степенью заострения игл боридов).

В частности, разобщение игл боридов, т.е. получение фрагментированной структуры, обеспечивается, например, после науглероживания и последующего борирования в смеси, содержащей 60% $B_4C$, 10% графита, 10% порошка Fe, 20% $Na_3AlF_6$ [2]. Такой же эффект обеспечивается при насыщении из гранулированных смесей с большим размером гранул (> 5 мм) и высоким содержанием карбида бора(> 65%), либо предварительным созданием на обрабатываемой поверхности чередующихся участков, защищённых от борирования. Получение композиционной фрагментированной или дисперсной структуры обеспечивают также применением нагрева ТВЧ, лазерного или электронно-лучевого нагрева.

Следует отметить, что во многих случаях однофазные слои на основе $Fe_2B$ являются более пластичными и надежными при эксплуатации в условиях трения скольжения без смазки и в условиях граничной смазки при высоких удельных давлениях. Управление образованием структуры при борировании с целью получения однофазных слоев проводят следующими путями:

1. Обеспечением на обрабатываемой поверхности концентрации бора недостаточной для образования сплошного слоя высокобористой фазы FeB. Для железа и сталей эта концентрация находится в пределах 8,5 - 10 % по массе.

2. Обеспечением ступенчатого режима мощности диффузионного источника, либо путём проведения прерывистого процесса с диффузионной выдержкой, либо путем снижения мощности на заключительном этапе.

3. Легированием диффузионного слоя металлами, стабилизирующими фазу $Fe_2B$ (например, Mn , Ni). Эти элементы образуют бориды $Mn_2B$ и $Ni_2B$.

4. Одновременным или последовательным насыщением металлической поверхности бором и элементами, ограниченно растворимыми в боридах. К этим элементам относятся C, Si, Al, S, Cu.

5. Ускорением отвода атомов бора с поверхности путем создания жидкокристаллического состояния в начальный момент насыщения на поверхности, а затем и перед фронтом диффузии.

Классификация процесса борирования [1, 9 (цветная вклейка)] позволяет целиком охватить теорию и практику процесса во всей взаимосвязи явлений, наметить пути интенсификации различных технологических вариантов и, учитывая структуру получаемых слоев, определить области их применения. Предлагаемая классификационная схема рассматривает процесс по четырем направлениям:
- Механизму образования насыщающих атомов бора;
- Технологическим признакам, включающим все известные разработки;
- Фазовому составу и структуре;
- Температуре проведения процесса и назначению.

***Процесс азотирования.*** Условия работы деталей и инструментов определяют необходимую структуру и фазовый состав азотированного слоя. Для деталей и инструментов, работающих в условиях интенсивного изнашивания и коррозионной среды при небольших контактных нагрузках, требуется слой с развитой нитридной зоной. Для деталей, работающих при знакопеременном нагружении, предпочтительным является слой на основе α – твердого раствора. Азотированный слой без нитридной зоны также рекомендуется для штамповых и режущих инструментов.

После азотирования на поверхности деталей формируются остаточные сжимающие напряжения, обеспечивающие повышение предела выносливости на 30 – 35 % для гладких образцов, а для надрезанных – более, чем в 2 раза. Следовательно, азотирование является весьма эффективным методом повышения предела выносливости деталей, имеющих концентраторы напряжений (царапины, резкие перепады сечений, надрезы, пазы, отверстия и т.п.).

Управление фазовым составом, структурой и свойствами азотированного слоя проводится путем установления определенного «азотного потенциала» насыщающей среды, регулированием температуры и продолжительности процесса, а также применением электрофизических методов воздействия на насыщающую среду и обрабатываемый материал.

Механизм массопереноса насыщающего элемента в газовых, жидких и твердых средах является единым. Он преимущественно самопроизвольно или под принудительным воздействием обеспечивается ионами низших валентностей (субионами), которые на обрабатываемой поверхности по реакциям диспропорционирования или по электрохимическим законам переходят в равновесное состояние, т.е. в ионы высших валентностей, оставляя на поверхности атомы [1, 2]. Этот массоперенос осуществляется в режиме самоорганизации. Принимая во внимание и общность диффузионных процессов в обрабатываемом материале при этих же технологических процессах насыщения, следует придти к заключению, что различие между этими средами для обрабатываемого металла состоят в степени их разбавления. Однако, даже при одинаковом «насыщающем потенциале» сред продолжительность получения одинаковых результатов в них существенно отличается. Причиной этого является физико-химические свойства сред, материалов и технологические условия проведения процессов насыщения.

Насыщающий потенциал среды во всех случаях определяет концентрацию азота на поверхности и фазовый состав образующегося слоя в соответствии с диаграммой состояния Fe - N. Однако технологические параметры процессов в этих средах и ход процесса в целом неодинаков. Разница между технологическими средами заключается в их плотности, в виде диссипативных соединений (субионов), обеспечивающих массоперенос, в реакционной способности обмена между средой и обрабатываемым металлом, в способности атомов обрабатываемой поверхности переходить в насыщающую среду в виде ионов, а также в возможности встречной самодиффузии атомов подложки. Встречная самодиффузия определяется сродством элементов металла основы к азоту.

Максимальная скорость обмена между средой и обрабатываемым металлом обеспечивается в жидких насыщающих средах (расплавах солей), в которых обеспечивается также и более легкий выход ионов железа с поверхности. Это создает дополнительные связи на поверхности, отрицательный ее заряд, а в подповерхностной зоне дополнительные вакансии, необходимые для диффузионных процессов. Поэтому продолжительность азотирования сталей в расплавах минимальная для получения качественных диффузионных слоев. Обычно она составляет 1,5–3 ч.

Минимальная скорость обмена обнаруживается в газовых насыщающих средах, которые представляют собой сильно разбавленные ионные системы. В них наблюдается затрудненная очистка обрабатываемой поверхности и затрудненный выход ионов железа в газовую среду, поскольку для выхода требуется значительные дополнительные энергетические затраты при температуре процесса азотирования. При этом заданный азотный потенциал атмосферы достигается только через 4 часа работы печи. В конечном итоге это и предопределяет общую длительность процесса азотирования в газовых средах (50 – 100 ч).

Некоторое ускорение обмена среды и металла наблюдается при электрофизическом воздействии, в частности при ионном азотировании. В этом случае обеспечивается быстрая очистка поверхности, создаются условия облегченного выхода ионов железа в насыщающее пространство со всеми сопутствующими явлениями. Скорость образования слоев и продолжительность обработки в этом процессе занимает промежуточное место.

В твердых средах массоперенос осуществляется через газовую среду, но расстояния, на которые перемещаются субионы азота, значительно меньшие, чем в средах на основе смеси газов. Однако, учитывая ограниченность объема порошковой насыщающей смеси и быстрое ее истощение, скорость образования азотированных слоев в этих средах занимает промежуточное место, но ближе к газовому процессу.

Следует также иметь ввиду, что поверхность металла меняет свою реакционную способность в процессе образования азотированного слоя. Это приводит к изменению условий равновесия уже сформированных фаз. Т.е. период их зарождения соответствует одним равновесным условиям и азотному потенциалу на границе раздела металла – насыщающая среда, а по мере роста слоя вглубь металла основы и в сторону насыщающей среды и перемещения границы раздела уже сформированных фаз от границы раздала с насыщающей средой – другим условиям. Принимая во внимание встречную самодиффузию атомов железа к поверхности и, вследствие этого, большую вероятность возникновения пористости в зоне нитридов, следует сделать вывод, что внутри слоя образуется новая поверхность раздела металл – пора с новыми условиями равновесия. Это приводит к распаду неустойчивых нитридных фаз с образованием атомарного азота, а затем и молекулярного азота, и установлением новых условий равновесия на новой границе. В объеме поры происходит накопление молекулярного азота и образование открытой пористости слоя нитридов. Открытая пористость в некоторых случаях может играть роль маслоудерживающих карманов на поверхностях трения.

Азотированию подвергают гильзы цилиндров дизелей (38Х2МЮА), коленчатые валы дизелей (18Х2Н4ВА), валы, износостойкие накладки, ходовые винты, червяки в станкостроении (40Х, 40ХФА, 40ХНЗА, 38Х2МЮА), зубчатые колеса (40ХФА, 40ХНЗА), детали турбин (лопатки, штоки, втулки, седла, клапаны) (10Х13, 20Х13, 30Х13, 15Х11МФ), клапаны дизелей (4Х14Н14В2М), режущие инструменты (Р6М5, Р9), штамповые инструменты (3Х2В8, 4Х4М2ВФС, Х12М, Х12Ф1).

Список литературы

1. Крукович М.Г., Прусаков Б.А., Сизов И.Г. Пластичность борированных слоев. – М.: Физматлит, 2010. – 384 с.
2. Крукович М.Г. Моделирование процесса азотирования. //МиТОМ, №1, 2004, С. 24 – 31.

**Кондратьев Е.М.**
к.т.н., Московский государственный университет приборостроения
и информатики (МГУПИ)
ekon@rambler.ru

## ДИСКОВАЯ РЕЗКА ПОЛУПРОВОДНИКОВЫХ ПЛАСТИН С ЭЛЕКТРОСТАТИЧЕСКИМ ЗАКРЕПЛЕНИЕМ

Проведенный анализ состояния проблемы разделения полупроводниковых пластин на кристаллы показал, что в настоящее время методы дисковой резки и скрайбирования имеют наибольшее промышленное применение. Мировым лидером оборудования для дисковой резки полупроводниковых пластин является японская компания Tokyo Seimitsu, известная под брендом ACCRETECH [1]. Она первая предложила и начала выпускать двухшпиндельные установки дисковой резки. Наличие двух независимых шпинделей обеспечивает высокую производительность и гибкость процесса резки.

Разделяемая пластина предварительно закрепляется на рамочном пленочном носителе с липким слоем. После этого рамка с пластиной устанавливается на вакуумном столе установки резки.

Применение вакуума в момент резки пластины вызвано необходимостью дополнительного усилия прижатия пластины к рабочей поверхности стола во время выполнения механической операции, т.к. адгезия липкого слоя выбирается из условия обеспечения минимальных сил для выполнения операций отмывки кристаллов на пленке после разделения и последующего съема. Значительное увеличение адгезии приведет к затруднению съема. Кроме того, сам пленочный носитель выполнен из эластичного материала для последующего растяжения пленки перед съемом кристаллов с нее, и отсутствие распределенной по всей поверхности пластины силы прижатия будет приводить к ухудшению качества области реза из-за возможных смещений носителя с пластиной от возникающей при резке силы сдвига.

Заменой вакуумному закреплению в установках дисковой резки полупроводниковых пластин может служить электростатическое закрепление. Электростатическое закрепление полупроводниковых материалов находится в настоящее время на этапе его промышленного использования в микроэлектронике, в основном на вакуумных операциях, т.к. другие средства здесь не имеют конкуренции с ними. Возникающая при электростатическом закреплении сила прижатия распределена по всей площади полупроводниковой пластины и управляется источником напряжения, подключаемого к электродам закрепляющего устройства.

Для реализации этого решения разработан электростатический стол, совместимый с выпускаемой в Российской Федерации установкой резки

УР.ПДП-150 [2]. Электростатический стол предназначен для замены вакуумного стола в этой установке резки. Конструкция электростатического стола показана на рис.1.

Электростатический стол состоит из корпуса 1, в котором расположена плата питания 2, вырабатывающая высокое напряжение, подаваемое на планарные электроды, размещенные на диске 3, выполненного из ситалла. Диск с электродами крепится к корпусу с помощью кольца 4. Сверху диска с электродами расположена круглая рамка 5 с диэлектрической пленкой. Разделяемая пластина, закрепленная на адгезионном носителе, размещается поверх рамки 5. Для закрепления электростатического стола на установке резки служит вал 6, который запрессован в корпус 1. Питание на плату подается по проводам через штуцер 7 от внешнего низковольтного источника.

Разделение полупроводниковой пластины на кристаллы обычно происходит по прямоугольной или квадратной сетке, поэтому наилучшей топологией планарных электродов будет топология, повторяющая сетку разделения. Из-за сложности получения матрицы электродов с электрическим подключением к каждому элементу матрицы электростатический стол с такой топологией нетехнологичен в изготовлении и ненадежен в работе.

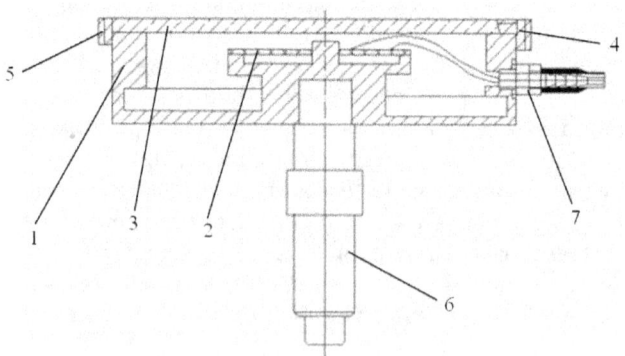

Рис. 1. Электростатический стол

*1* – корпус; *2* – плата питания; *3* – диск с планарными электродами; *4* – прижимное кольцо; *5* – рамка с диэлектрической пленкой; *6* – вал; *7* – штуцер

Топология электродов в виде двух вставленных друг в друга гребенок (рис. 2) требует всего двух точек для электрического подключения. Электростатический стол с такой топологией конструктивно несложен, технологичен в изготовлении и надежен в работе. Электроды могут быть выполнены в виде электропроводящего тонкопленочного рисунка. Для исключения узлов сильной концентрации напряженности электрического поля контуры прямоугольных переходов профиля электродов должны быть скруглены.

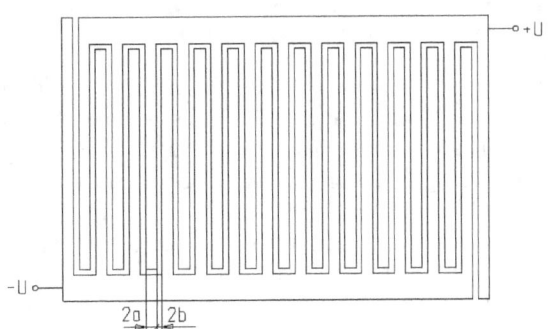

Рис. 2. Планарные гребенчатые электроды

Ширина зубца гребенки $2a$ выбирается с учетом размера кристалла. Например, для кристаллов 4х4 мм топология электродов выбирается из условий [3]: $2a \leq 2$ мм, $2b \leq 2$ мм. Этим условиям удовлетворяет полосовая структура электродов с шагом $\Lambda \leq 4$ мм ($\Lambda = 2a + 2b$). При разделении пластины на кристаллы сквозным прорезанием предпочтительны равномерные топологии электродов ($a = b$).

Минимальное значение зазора между электродами определяется межэлектродным электрическим пробоем при максимальном рабочем напряжении $U$, подаваемом на электроды. Минимальную величину зазора $2b_{min}$ в мм можно определить из эмпирического выражения [3]:

$2b_{min}$ [мм] $= \alpha U$ [кВ], где $\alpha = 1 \div 2$.

Электростатическое закрепление полупроводниковых пластин на операциях дисковой резки позволит отказаться от использования для этих целей вакуума, упростит конструкцию установок и уменьшит затраты на их производство и обслуживание.

## Литература

1. http://www.accretech.jp/english/
2. Установка дисковой резки УР.ПДП-150. – http://www.niitop.ru/
3. *Кондратьев Е.М.* Выбор параметров электроадгезионного стола для закрепления полупроводниковой пластины при разделении её на кристаллы сквозным прорезанием // Инновационные технологии и повышение качества в приборостроении. Выпуск 9 / Сб. науч. тр. – М.: МГУПИ, 2007. – С.40-44.

**Dolyatovsky V.A., Gamaley Ya.V., Dolyatovsky L.V.**
Rostov State Economic University, Rostov-on-Don, Russia
**ONTOLOGIC APPROACH TO CREATION OF THE
KNOWLEDGE BASE**

Increase of a role of knowledge in the modern world and growth of volumes of scientific information (in 2013 its volume has surpassed 1,5 exabites) results in need of reorganisation of system of training on intensive assimilation of knowledge. It demands change of the concept of training, increase of a knowledges and a practical orientation of training. Now there are works on strategic planning of activity of higher education institutions [1], increase of their competitiveness [2], research of adaptive properties of higher education institutions [3], development of virtual training environments [4]. But it is not enough works on creation of new concepts of structurization of knowledge and technologies of their structurization. In work the new approach to the training organisation on the basis of creation of the expanded anthology is considered.

**1. Essence of an innovative approach**. In the course of training the student should form the mobile problem focused knowledge bases under professional tasks. Knowledge bases form skills and abilities, define system thinking. Therefore the knowledge base can be built on the basis of use of an ontologic approach to training. Ontology -the doctrine about real, studying of fundamental bases of life, its basic structure, i.e. the ontology gives the general description of any sphere of activity. In informatics the ontology gives schemes of a conceptualization of knowledge where in the form of concepts objects of the real world and communication between them are used. Formally the anthology of sphere of activity of the expert can be described the six of sizes:

$$O = <T, S, Z, EZ, Sez, R> \quad (1)$$

where T-a set of the terms (objects) characterising subject domain,

S-set of semantic links in subject domain,

Z-a set of the professional tasks solved by the expert,

EZ-set of elements of the knowledge applicable for solution of problems of Z,

SEZ-communications of applied elements of knowledge by EZ,

R-results of the solution of professional tasks.

The onthology of a specific objective consists of a set of objects - basic terms and their communications and applied elements of knowledge (fig. 1). Knowledge **is** a set of the data forming the complete description, corresponding to some level of awareness on a described subject, an event, a problem etc. besides knowledge possesses such property as activity, that is they are not a static element, and change eventually and allow to deduce from them new knowledge.

The manager in the professional activity solves a number of problems of management of

$$Z = \{ \ Z1, Z2, \dots Zm \ \}. \qquad (2)$$

The space of these tasks forms field of activity of R, the manager uses a set of terms (concepts) of Wij connected with problems of Zi and elements of knowledge Э31 ... by E3K which unite in classes of knowledge of NDK (fig. 1).

$Z= \{ \ Z1, Z2, \dots Zn \ \}$ – tasks of the manager.

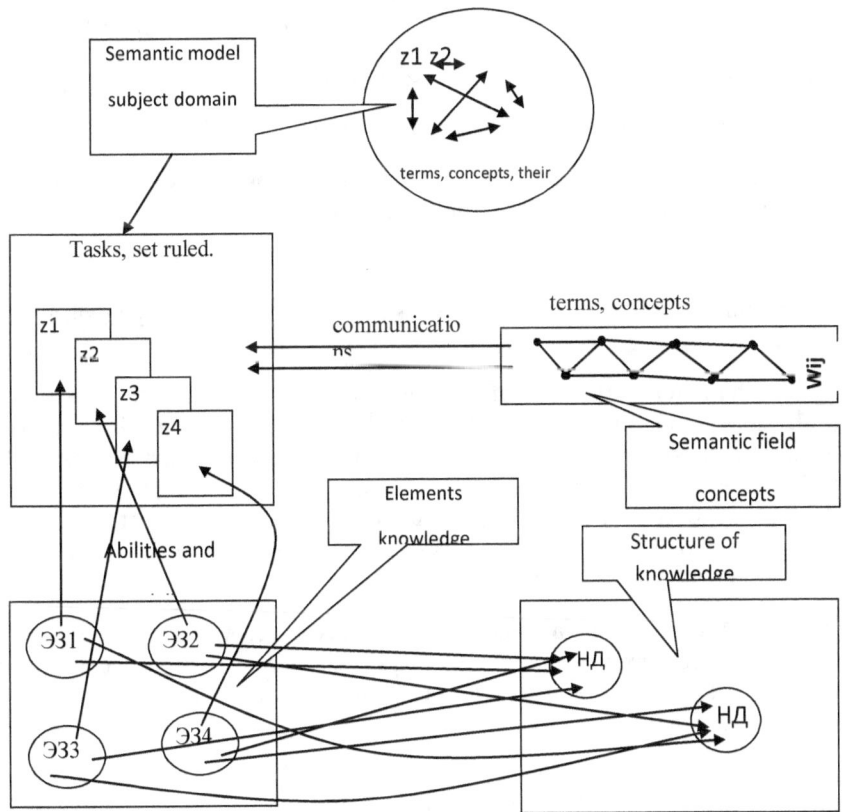

Drawing 1-Formal representation of activity of the manager

The model of subject domain represents structure of applied terms and operations of their semantic conclusion (fig. 2).

Profit Is

TR income - Full expenses of ST

Price of R * Quantity of Q Constant + Variables

... .... Costs of CF of costs of CV

Drawing 2-Semantic links of objects of subject domain

Formally these ratios can be written down in terms of objective grammar:

Profit:: = (TR income) - ((Full expenses of CT)

Income:: = (Price of R) * (Quantity of Q)          (3)

Full expenses of ST:: = (Constant costs of CF) + (Variable costs of CV)

Price:: = (Prime cost of ACV) + (Specific profit of b)

Quantity of Q:: = (the extent of demand) + (A stock for realisation)

Real data in economy have the structure consisting of object ωк and predicates of R of different types: time, place, appointment, etc.:

$$D= \omega к \ Pt.Pp.Pn \ ... ... \ (4)$$

So at formation of a database it is necessary to add the necessary predicates to objects.

Thus, for formation of competences for the solution of separate professional tasks it is necessary to create semantic structure of subject domain in consciousness of the trainee and to give skills of a choice and application of necessary elements of knowledge. That is, the curriculum should be formed on the basis of declarative components in the form of model of subject domain and procedural knowledge at level of sets of elements of knowledge which should form system of skills in special courses.

**Implementation of the offered concept**. This concept is realised by us at design of virtual training environments [4]. The virtual training environment represents the structure consisting of sets of structured special courses, constructed by a modular principle:

Course = <The electronic textbook, a practical work, cases, tests of three levels of complexity, video cases and clips according to sections of courses, trainings, creative problems of speciality, system of the automated control>

Concepts are systematised in a number of courses in the form of model of subject domain: terms and their ratios in the form of grammar. The knowledge base looks like:

$$BZ = <EZ, SEZ, Rez/z> (5)$$

where, Rez/z – display of professional tasks to elements of knowledge.

For example, the economy course for managers contains 24 elements of knowledge in the knowledge base which define methods of the solution of a complex of professional tasks of the manager and form necessary competences for an economic justification of accepted decisions:

EZ1-a method of a choice of decisions for obtaining the maximum income of firm in the known market,

EZ2 - a method of calculation of a mode of the firm providing the minimum prime cost of a product,

EZ3 - a design procedure of the decisions providing the maximum profit in the known market,

EZ4 - a method of definition of a mode of steady work of firm etc.

Application of such approach to structurization of knowledge and formation of virtual training environments has shown high efficiency of assimilation of knowledge students of speciality management. Achievement quotients have on the average raised for 20 % that has affected and quality of final qualifying and term papers.

## The used sources

1. Dolyatovsky V.A., Ryabchenko T.N., Masur O. A. Strategy of development of higher education institution in the market of educational services. The monograph under the editorship of the prof. V.A.Dolyatovskiy-Nevinnomyssk: NIEGL, 2010, 186 pages.

2. Dolyatovsky V.A.Virtual the training environment «Master of management». The certificate No. 7404 from 12/21/2006.

3. Dolyatovsky V.A., Ryabchenko T.N. The electronic textbook and a practical work «The main concepts of management//Innovations in science and education, No. 7,2007

4. Dolyatovsky V.A., Kuznetsov N. G., Topilina I.I., Tuguz Yu.R., Dolyatovsky T.I., Scheff A.A. The virtual training Marketing environment. Certificate No. 15033. M: Russian joint stock company INIM - OFERNIO, 2009.

**Горн Д.И.**
кандидат физико-математических наук, старший научный сотрудник,
Национальный исследовательский Томский политехнический университет
gorn_dim@sibmail.com

## ЛАЗЕРНОЕ ИЗЛУЧЕНИЕ В КВАНТОВЫХ ЯМАХ НА ОСНОЕ ГЕТЕРОСТРУКТУР КРТ МЛЭ

В настоящее время существует несколько технологических путей создания эффективных излучателей среднего и дальнего инфракрасного (ИК) диапазона для создания приборов наноэлектроники и нанофотники. Перспективным направлением в данной области является применение в качестве активной области излучателя наноструктур с квантовыми ямами (КЯ) на основе узкозонного твёрдого раствора $Cd_xHg_{1-x}Te$ (КРТ).

В данной работе мы рассмотрим имеющиеся на настоящий момент наработки по вопросу получения стимулированного излучения в ИК-диапазоне в структурах на основе КРТ с квантовыми ямами. Также нами будет проведён анализ представленных в рассмотренных работах экспериментальных данных и по возможности будет дана интерпретация наблюдаемого излучения. Теоретический анализ будем проводить на основании модели самосогласованного потенциала полупроводниковой гетероструктуры, основанной на совместном численном решении уравнений Пуассона и Шрёдингера для структуры с КЯ [1, 50].

В [2, 6869] было теоретически показано, что применение квантовых ям на основе КРТ может позволить снизить скорость безызлучательной Оже-рекомбинации в несколько десятков раз. В работе [3, 2026] представлены экспериментальные спектры наблюдения спонтанного и стимулированного излучения с максимумом спектральной характеристики на длине волны 2,85 мкм и 2,75 мкм соответственно. Авторами рассматривалась структура с множественными квантовыми ямами $Cd_{0,37}Hg_{0,63}Te$ (16,6 нм) / $Cd_{0,85}Hg_{0,15}Te$ (6 нм), состоящая из 30 периодов, выращенная методом МЛЭ. Накачка в эксперименте осуществлялась Nd:YAG лазером в непрерывном режиме. Оценочный расчёт даёт следующие результаты. Наиболее близким по энергии к наблюдаемым линиям люминесценции является излуательный переход $c_2 \rightarrow hh_2$ между вторым уровнем размерного квантования электронов и вторым уровнем квантования тяжёлых дырок. Этот переход осуществляется на длине волны 2,77 мкм при температуре 5 К и 2,73 мкм при температуре 60 К. Расчетное значение в хорошей степени согласуется с наблюдением при высокой температуре.

Авторами [4, 1210] рассматривалась структура с МКЯ $Cd_{0,33}Hg_{0,67}Te$ / $Cd_{0,55}Hg_{0,45}Te$ с толщиной ямы и барьера, соответственно, 10 и 7 нм. Структура, состоящая из 5 периодов находится в центре волноводного слоя КРТ с составом $x = 0,33$ мол. дол., образующего резонатор в структуре. Чтобы избежать чрезмерного нагрева образца, возбуждение люминесценции в структуре осуществлялось импульсным Nd:YAG лазером с модулированной добротностью. Расчёт в данном случае предсказывает переход $c_2 \rightarrow hl_2$ на длине волны 2,24 мкм между вторыми уровнями размерного квантования электронов и лёгких дырок.

В работе [5, 5286] описан порог лазерной генерации в структуре с МКЯ (образец # 1), состоящей из 5 периодов $Cd_{0,35}Hg_{0,65}Te$ (яма) / $Cd_{0,55}Hg_{0,45}Te$ (барьер) с толщиной ям и барьеров 15 и 10 нм, соответственно.

В работе [6, 6908] рассматривались структуры с градиентными слоями. МКЯ в данной структуре состояла из 5 периодов $Cd_{0,44}Hg_{0,56}Te$ (15 нм) / $Cd_{0,59}Hg_{0,41}Te$ (6,5 нм). Данная структура сравнивалась с гетероструктурой, включающей потенциальную яму с составом КРТ $x = 0,44$ и окружённой волноводным слоем с составом 0,7 мол. дол. Авторами было показано, что наличие в активной области структуры с МКЯ, а также градиентных слоёв существенно снижает порог лазерной генерации.

В работе [7, 1036] была изготовлена структура в виде резонатора Фабри-Перо, образованная построствовым нанесением диэлектрических зеркал на структуру с активной областью, состоящей из 5 квантовых ям $Cd_{0,32}Hg_{0,68}Te$ толщиной 14 нм, разделённых барьерами из $Cd_{0,6}Hg_{0,4}Te$ толщиной 10 нм. Авторам удалось получить лазерную генерацию в подобной структуре при комнатной температуре.

В работе [8, 1661] также сообщается о наблюдении стимулированного излучения в структуре с 5-периодной МКЯ $Cd_{0,59}Hg_{0,41}Te$ (14 нм) / $Cd_{0,75}Hg_{0,25}Te$ (10 нм) при комнатной температуре.

Все рассмотренные в данной статье публикации, посвящённые получению лазерного излучения в структурах с квантовыми ямами на основе КРТ, относятся к периоду 1989-1999 гг. Насколько известно авторам данной статьи, после этого работ в рассматриваемом направлении, описывающих результаты, отличные от приведённых выше, опубликовано не было. При этом также известно, что в настоящее время не существует промышленно производимых приборов оптоэлектроники, основанных на использовании квантовых ям и сверхрешёток КРТ. Исследования так и не дошли до получения приборно-ориентированной электролюминесценции и создания инжекционных лазеров, использующих все преимущества квантовых ям на основе КРТ.

Работа выполнена в рамках Программы повышения конкурентоспособности ТГУ.

## Литература

1. Войцеховский А.В. Анализ спектров фотолюминесценции гетероэпитаксиальных структур на основе $Cd_xHg_{1-x}Te$ с потенциальными и квантовыми ямами, выращенных методом молекулярно-лучевой эпитаксии / А.В. Войцеховский, Д.И. Горн, И.И. Ижнин, А.И. Ижнин, В.Д. Гольдин, Н.Н. Михайлов, С.А. Дворецкий, Ю.Г. Сидоров, М.В. Якушев, В.С. Варавин // Изв. вузов: Физика. – 2012. – № 8. – С. 50–55.

2. Jiang Y. Carrier Lifetimes and Threshold Currents in HgCdTe Double Heterostructure and Multiquantum-Well Lasers / Y. Jiang, M.C. Teich, W.I. Wang // J. Appl. Phys. – 1991. – Vol. 69 (10). – P. 6869–6875.

3. Stimulated emission at 2.8 m from Hg-based quantum well structures grown by photoassisted molecular beam epitaxy / N.C. Giles, J.W. Han, J.W. Cook Jr., J.F. Schetzina // Applied Physics Letters. – 1989. – V. 55. – P. 2026-2028.

4. Stimulated emission from $Hg_{1-x}Cd_xTe$ epilayer and $CdTe/Hg_{1-x}Cd_xTe$ heterostructuers grown by molecular-beam epitaxy / K.K. Mahavadi, S. Sivananthan, M.D. Lange, X. Chu, J. Bleuse, J.P. Faurie // J. Vac. Sci. Technol. – 1990. – V. 8 (2). – P. 1210–1214.

5. Cavity structure effects on CdHgTe photopumped heterostructure lasers / J. Bleuse, N. Magnea, J.-L. Pautrat, H. Mariette // Semicond. Sci. Technol. – 1993. – V. 8. – P. 5286–5288.

6. Optical gain and laser emission in HgCdTe heterostructures / J. Bonnet-Gamard, J. Bleuse, N. Magnea, J. L. Pautrat // J. Appl. Phys. – 1995. – V. 78 (12). – 6908–6915.

7. II-VI infrared microcavity emitters with 2 postgrowth dielectric mirrors / C. Roux, P. Filloux, G. Mula, J.-L. Pautrat // Journal of Crystal Growth. – 1999. – V. 201/202. – P. 1036–1039.

8. Room-temperature optically pumped CdHgTe vertical-cavity surface-emitting laser for the 1.5 mm range / C. Roux, E. Hadji, and J.-L. Pautrat // Applied Physics Letters. – 1999. – V. 75 (12). – P. 1661-1663.

**Деминова М.А.**
к.филол.н., доцент
Алтайский государственный университет
E-mail: m.deminova@mail.ru

## ТЕЛЕВИЗИОННОЕ СООБЩЕНИЕ: ОЖИДАНИЯ АУДИТОРИИ

Аудитория телевизионной новостной программы массовая, анонимная, разрозненная, разновозрастная и представляет практически все слои общества.

Зритель идентифицирует себя с героями на экране и сопереживает их поведению. В эмоциональном плане он либо защищается, либо заражается атмосферой происходящих на экране событий. У каждого зрителя формируется определенное отношение к дикторам, комментаторам как к партнерам по реальному общению. Он ждет от них «эмоциональной теплоты, уважения к себе, «похожести» на себя, на свой идеал или на «авторитет». Таким образом, человек «проживает» в этой обстановке часть своей жизни, и уровень погружения в состояние общения с этой средой зависит как от того, насколько авторами учтены и закодированы все аспекты процесса общения, так и от готовности зрителя участвовать в таком процессе и декодировать смыслы, заключенные авторами в телесообщении.

На речевое воздействие зритель – в большей или меньшей степени – реагирует всегда. Телекоммуникация не является исключением. Л.П. Якубинский писал, что «подобно тому, как вопрос почти непроизвольно, естественно, в силу постоянной ассоциации между мыслями и выговариванием, рождает ответ, подобно этому и всякое речевое раздражение, как бы непрерывно длительно оно ни было, возбуждая как свою реакцию мысли и чувства, необходимо толкает организм на речевое реагирование» [1, 16].

В настоящее время зритель гораздо легче воспринимает информацию, даже неполное сообщение бывает понято. Границы картины мира каждого отдельного человека значительно расширились, он со всем знаком, все уже видел. Стало просто объяснять любые вещи.

Человек обрабатывает информацию о мире с помощью ее восприятия, кодирования, репрезентации, памяти и решения проблем. Каждый из этих процессов включает отдельные стадии умственных операций. Общее количество обрабатываемой информации в единицу времени всегда ограничено. Это уровень внимания. Возможность воспроизведения информации определяется тем, насколько хорошо она воспринята и записана. Другими словами, насколько прочно она закрепилась в памяти.

Телевизионный контент является сложным и когнитивно нагруженным для восприятия. Просмотр передач далеко не всегда становится разумной или сознательной активностью, он не предполагает многочисленных сознательных операций. Телевидение непрерывным потоком поставляет информацию по двум сенсорным каналам – аудиальному и визуальному. Зритель должен уделять внимание обоим каналам, и, кроме того, запоминать информацию.

Необходимость в усилиях при восприятии информации зависит от соответствия новой информации прошлому опыту. Если новая информация соответствует ожиданиям аудитории, то она привлечет меньше внимания, чем информация, не согласующаяся с прошлым опытом. В исследованиях по социальной коммуникации выделено три стратегии обработки новостей аудиторией. Активная обработка предполагает поиск индивидом дополнительных источников информации, считая, что в СМИ она неполная. При рефлексивном интегрировании индивид обдумывает или обсуждает с другими информацию, чтобы ее понять. Селективное сканирование представляет собой стратегию, при которой из всего содержания сообщений СМИ индивид воспринимает только то, что согласуется с существующими у него представлениями, пропуская или игнорируя неинтересное или нерелевантное содержание.

Эффективность общения во многом зависит от совпадения реального объема и содержания фоновых знаний аудитории и предположения о них коллективного автора новостной программы. Это важный момент, так как автор ориентируется на свои предположения об этих показателях. Результат коммуникации зависит от того, как адресат декодирует переданный медиатекст.

Автор, чтобы обеспечить коммуникации успех, должен заранее предполагать, что в случае неудачи сообщение может быть не воспринято или понято неверно. Декодируется сообщение в соответствии не только с характером фоновых знаний, но и с когнитивными процессами в сознании адресата. По мнению М.Н. Кожиной, отношения адресанта и адресата диалогические и «в значительной мере обусловливаются тем, сколь адекватны друг другу структуры действия порождения и интерпретации текстов, поскольку, воспринимая текст, интерпретирующее его сознание всякий раз осуществляет встречное порождение текста» [2, 12]. Об этом же пишет и В.В. Прозоров, но только с позиции потребителя информации: «… в процессе перехода информация, до поры до времени хранящаяся в неизвестности, превращается – усилиями когнитивно-авторской, творческой и технологической среды – в «вещь для нас», в явный и явленный нам, потребителям, журналистский продукт, в информацию ожившую, глаголющую, представляющую себя человеку и миру. Известно, что всякий текст (в особенности художественный) содержит в себе то, что мы предпочли бы назвать образом аудитории, активно воздействует на реальную аудиторию, становясь для нее некоторым нормирующим кодом» [3, 52].

Получается, что текст создается дважды: автором и аудиторией. Иногда получаются несколько разные тексты. Одно из основных правил телевизионной новостной журналистики при создании медиатекста: он должен быть однозначен и не содержать в себе никаких двусмысленных формулировок.

Есть даже специальная практика: журналист представляет себя на месте зрителя. Как бы он сам воспринял этот текст, будь он таким, каков усредненный представитель целевой аудитории? Как пишет Т.Г. Винокур, носитель языка является одновременно и говорящим и слушающим. При такой проверке есть возможность выявить коммуникативные неудачи. В этот момент «говорящий» превращается в «слушающего», «адресант» в «адресата». Очень важно поэтому четко понимать и знать, какова аудитория, чтобы ее глазами воспринять свою работу. «Реакция на свою собственную речь предшествует тому, для чего реально говорящий выполняет речевое задание. Он выполняет его в надежде на соответствующий эффект, который приведет к восприятию и пониманию другими лицами» [4, 113].

Ориентация на целевую аудиторию определяет не только характер и стилистику отдельного материала, но и жанровое наполнение и в целом «лицо» СМИ. На телевидении это влияет на формат программы. Передается не только информация, но и эмоциональное наполнение. Иногда это можно назвать настроением.

Поэтому-то, когда создается медиатекст, он создается не как идеальный продукт, в который вложен весь творческий потенциал журналиста, его взгляд на ход событий, а он создается как тот идеальный продукт, который станет понятен аудитории. Медиатекст всегда создается с оглядкой на реципиента. И создается на каждом этапе таким образом, чтобы нести в себе абсолютно ясно декодируемую информацию, и таким образом, чтобы процесс декодирования приносил зрителю, слушателю, читателю только удовольствие.

Не следует забывать, что декодирование текста, как и его создание, – тоже важный, интересный процесс, который пока далеко не полностью изучен. В.В. Прозоров пишет о том, что медиатекст «трудом читателя, слушателя, зрителя воспроизводится в разнообразных вариантах. Текст из вещи в себе превращается в вещь для другого, ему предстоящего, (потенциально) в вещь для любого из нас» [3, 109]. Исходя из этого, качество журналистского текста можно определить его внутренней готовностью к более или менее соответствующей декодировке, готовностью к контакту – диалогу с аудиторией.

## Литература

1. Якубинский Л.П. О диалогической речи: сб. Избранные работы. Язык и его функционирование. – М., 1986. – С. 17-58.
2. Кожина М.Н. О диалогичности письменной научной речи / М.Н. Кожина. – Пермь: Изд-во Пермск. ун-та, 1986. – 91 с.
3. Прозоров В.В. Власть современной журналистики, или СМИ наяву. – Саратов: изд-во Сарат. ун-та, 2004. – 240с.
4. Винокур Т.Г. Говорящий и слушающий. Варианты речевого поведения / отв. ред. Е.А. Земская. – М.: Наука, 1993. – 172 с.

**Яковенко Г.Б.**
ГДТДиМ №1 г. Набережные Челны
gulmirayakovenko@yandex.ru
**Тарасова Ф.Х.**
доктор филологических наук, профессор кафедры иностранных
языков и межкультурной коммуникации ИФ и МК КФУ
fhtarasova@yandex.ru

## ЧУВСТВО ТРЕВОГИ В РОМАНЕ Б. ПАСТЕРНАКА «ДОКТОР ЖИВАГО» И СПОСОБЫ ЕГО ПЕРЕДАЧИ НА АНГЛИЙСКИЙ ЯЗЫК

В последнее время наблюдается заметное увеличение количества исследований, в центре внимания которых, оказывается эмоциональный мир человека, исследуемый не только в рамках психологии, философии, социологии, теории литературы, но и лингвистики. Мир чувств в языкознании рассматривается с точки зрения его выражения в языке. Еще в начале XIX века выдающийся немецкий мыслитель и гуманист В. фон Гумбольдт отметил, что язык как деятельность человека пронизан чувствами. В настоящее время лингвистика вновь обратилась к его учению, призывавшему изучать язык в тесной связи с человеком [3].

Повышенный интерес к изучению эмоциональной системы человека связан, прежде всего, с антропоцентрической переориентацией лингвистических исследований. Антропоцентризм в лингвистике – подход к исследованию языка, приспособленный к нуждам человека, его потребностям [7].Формирование антропоцентрической парадигмы привело к развороту лингвистической проблематики в сторону человека и его места в культуре, ибо в центре внимания культуры и культурной традиции стоит языковая личность во всем ее многообразии: Я-физическое, Я-социальное, Я-интеллектуальное, Я-эмоциональное,Я-речемыслительное [4].

Традиционно в языкознании выделяются три научные парадигмы: сравнительно-историческая, системно-структурная и, наконец, антропоцентрическая.

Сравнительно-историческая парадигма была первой научной парадигмой в лингвистике, ибо сравнительно-исторический метод был первым специальным методом исследования языка.

При системно-структурной парадигме внимание было ориентировано на предмет, вещь, имя, поэтому в центре внимания находилось слово. Даже в третьем тысячелетии можно исследовать язык все еще в рамках системно-структурной парадигмы, ибо эта парадигма продолжает существовать в лингвистике, а число ее последователей довольно велико. В русле этой парадигмы по-прежнему строятся учебники и академические грамматики, пишутся различного рода справочные издания. Фундаментальные исследования, выполненные в рамках этой парадигмы, являются ценнейшим источником сведений не только для современных исследователей, но и для будущих поколений лингвистов, работающих уже в иных парадигмах.

Антропоцентрическая парадигма – это переключение интересов исследователя с объектов познания на субъекта, т.е. анализируется человек в языке и язык в человеке, поскольку, по словам И. А. Бо-дуэна де Куртэне, «язык существует только в индивидуальных мозгах, только в душах, только в психике индивидов или особей, составляющих данное языковое общество». Возникновение антропоцентрической парадигмы в языкознании было предопределено, поскольку сам язык антропоцентричен по своей сути, он всегда признавался самой яркой определяющей характеристикой человека [5]. Известно, что эмоция по своей сути невербальна, однако в рамках психолингвистики и эмотиологии говорят о вербализации эмоции. Эмоции – одна из наиболее сложно организованных систем человека. Исследованию эмоций и их изображения в языке посвящена огромная литература (работы В.Ю.Апресян, Ю.Д.Апресяна, Н.Д.Арутюновой, А.Вежбицкой, Анны А.Зализняк, Л.Н.Иорданской, И.Б.Левонтиной и др) [6].

Ориентация современной лингвистики на человеческий фактор – человека как субъекта языкового общения, творца языка и его пользователя стимулирует разработку новых подходов, методов и концепций в изучении языка[5].

Данная статья посвящена изучению такого эмоционального состояния человека как тревога, с точки зрения лингвистики.

Объектом нашего исследования являются языковые средства передачи тревоги в романе Бориса Пастернака «Доктор Живаго» и способы их перевода на английский язык.

К настоящему времени написаны десятки работ, в которых говорится о таких эмоциональных концептах как радость (Кирьякова О. И., Киршинова, О. В.), любовь и страсть (Широкова И. А., Шамратова А. Р.,Валиулина С. В.), злость (Крылов Ю. В.), стыд (Колиева И. Г., Лукина М. Г.), страх (Кириллова Н. В.,Воронин Л. В.). Написаны работы по фразеолгизмам со значением эмоций (Швелидзе Н.Б., Силинская Н. П., Гатауллина Р.В.),есть труды, посвященные словам-названиям эмоций (Перфильева С. Ю., Гончарова Ю. Л.). Что касается лексемы «тревога», то на сегодняшний день, данному концепту посвящены диссертационные исследования Маркеловой В.М.(Лексико-семантическое поле "тревога" в лирике А.А. Блока,2009г.) и Лагоденко, А. М.( Языковые средства репрезентации концепта "Anxiety" в современном английском языке, 2011г.). В сопоставительном плане данный концепт затрагивается лишь как один из многих, рассмотренных в работе Анфиногеновой А.И. (Вариативность эмотивных лексем в английских переводах пьес А.П. Чехова).

Таким образом, изучение языковых средств передачи состояния тревоги в русском языке и способов их перевода на английский язык на данный момент остается актуальным.

Следует также отметить, что, несмотря на достаточно большой список исследований романа «Доктор Живаго», языковые средства, выражающие чувство тревоги в данном произведении рассматриваются впервые. Особый интерес для нас представляют способы их передачи на английский язык. За основу англоязычной версии романа взят текст перевода М. Харари и М. Хейворд.

Итак, рассмотрим подробнее само понятие «тревога». Тревога (англ. anxiety) – переживание эмоционального дискомфорта, связанное с ожиданием неблагополучия, предчувствием грозящей опасности. В отличие от страха как реакции на конкретную, реальную опасность, Т. – переживание неопределенной, диффузной, безобъективной угрозы. Согласно другой точке зрения, страх испытывается при «витальной» угрозе (целостности и существованию организма, человека как живого существа), а тревога – при угрозе социальной (личности, представлению о себе, потребностям Я, межличностным отношениям, положению в обществе). Во многих контекстах тревога и страх могут использоваться как взаимозаменяемые понятия [1, 552]. Тревога (в психоанализе) – психологическое состояние человека, которое возникает у него в ситуации опасности. З. Фрейд писал и говорил о трех типах тревоги: объективной, невротической и моральной. Объективная тревога возникает под воздействием реальных, действительных угроз психологическому благополучию человека. Невротическая тревога порождается осознанием опасностей, исходящих из Ид. Моральная тревога появляется в результате заслужить моральное осуждение со стороны кого-либо[2, 441]. Необходимо также упомянуть о близком по смыслу к понятию Т. термине тревожность. Различают ситуативную тревогу, характеризующую состояние субъекта в определенный момент, и тревожность как относительно устойчивое образование, личностное свойство(Р.Кэттел, Ч. Спилбергер, Ю.Л. Ханин) [1, 552 ]. Хотя в психологическом словаре Р.С. Немова тревожность определяется не только как соответствующая черта личности человека, но и состояние: «Близким по смыслу к понятию Т. является термин тревожность. В последнем случае, однако, имеют в виду не только состояние, но и соответствующую черту личности человека». Тревожность – 1. Индивидуальная психологическая особенность человека, черта его характера, проявляющаяся в склонности впадать в состояние повышенного беспокойства и тревоги в тех эпизодах и ситуациях жизни, которые, по мнению данного человека, несут в себе психологическую угрозу для него и могут обернуться для него неприятностями, неудачами или фрустрацией. 2. Смутное, неприятное эмоциональное состояние, сопровождаемое ощущениями типа дурных предчувствий, боязни и др. Тревожность, как правило, не связана с каким-либо конкретным объектом, и этим она отличается от обычного чувства страха. Данное понимание тревожности близко по значению к понятию тревога. 5.В экзистенциальной теории под тревожностью понимается состояние человека, возникающее в тот момент времени, когда он осознает бессмысленность, ограниченность и хаотическую природу мира, в котором он живет [2,440].

На физиологическом уровне реакции тревоги проявляются в усилении сердцебиения, учащении дыхания, увеличении минутного объема циркуляции крови, повышении артериального давления, возрастании общей возбудимости, снижении порога чувствительности. На психологическом уровне тревога ощущается как напряжение, озабоченность, нервозность, чувство неопределенности и грозящей неудачи, невозможность принять решение и др. [1, 552] Что касается выражения чувства тревоги в лингвистике, а в частности, в произведении «Доктор Живаго», то необходимо отметить, что в ходе нашего исследования выявлено большое количество лексических, грамматических и стилистических средств, помогающих писателю ярко и полно передать нам, читателям, ощущение того тревожного времени, в котором живут его герои.

Одним из наиболее часто встречаемых грамматических средств является инверсия:

*Смятение это отдавало Лару во все больший плен чувственного кошмара, от которого у нее вставали волосы дыбом при отрезвлении.*

*These reminders brought her to just that state of confusion that a lecher requires in a woman. As a result , Lara felt herself sinking ever deeper into a nightmare of sensuality which filled her with horror whenever she awoke from it* (при переводе использованы грамматическая и лексическая трансформации) .Также Пастернак активно использует односоставные предложения, очень часто безличные, передающие состояние тревоги особенно ярко.

*Выбегали, спрашивали:*
*- Куда народ свищут?*
 *Из темноты отвечали:*
*- Небось и сам не глухой. Слышишь – тревога. Пожар тушить.*

*People ran out asking:»Where is everybody going? What's the signal for?» - you' re not deaf,» came from the darkness. «It's a fire. There' re sounding the alarm. They want us to put it out»*(при переводе использованы грамматическая и лексическая трансформации).

Среди стилистических средств выражения чувства тревоги в романе представлено множество тропов:

*Неосвещенная улица пустыми глазами смотрела в комнаты* (метафора, олицетворение, эпитет).

*The unlit street stared aimlessly, alone in the empty house*(лексическая трансформация).

Среди других стилистических средств, вербализующих тревогу можно отметить градацию: *Когда он дошел до высадки во Фрежюсе, небо почернело, треснуло и раскололось молнией и громом, и в класс вместе с запахом свежести ворвались столбы песку и пыли.*

*When the teacher came to the landing at frejuce , the sky blackened and was split by lightning and thunder , and clouds of dust and sand swept into the room together with the smell of rain*(при переводе использованы лексическая и грамматическая трансформации).

Среди лексических средств преобладает использование тех слов, которые изначально используются для обозначения состояния тревоги.

*Осенью происходили волнения на железных дорогах.*

*That autumn there was unrest among the railway workers on the Moscow network(лексическая трансформация).*

Достаточно часто Пастернак использует синонимы.

*Как она мечется, как все время восстает и бунтует, в стремлении переделать судьбу по-своему и начать существовать сызнова.*

*But how deeply, painfully, irreparably had he wounded her and upset her life, and how rebellious and violent she was in her determination to reshape her destiny and start afresh! ( при переводе использованы* лексическая и грамматическая трансформации).

В заключение хотелось бы отметить, что анализ способов передачи чувства тревоги в романе «Доктор Живаго» показал огромную важность языковых средств, использованных автором, ведь именно они помогли Борису Пастернаку создать одну из самых точных, в русской литературе, картин всеобщего чувства тревоги, царившего в России в период от начала столетия до начала Великой Отечественной войны.

Литература

1. Большой психологический словарь / под.ред. Б.Г. Мещерякова, В.П. Зинченко. – 3-е изд., доп. и перераб. – СПб.: прайм-ЕВРОЗНАК,2006. – 672с. – (Большая университетская библиотека). – с. 552

2. Немов Р.С. Психологический словарь/Р. С. Немов. – М.: Гуманитар. изд. Центр ВЛАДОС, 2007. – 560с.: ил. – с. 441,440

3. А. Я. Психология. Эмоции и оценка.[Электронный ресурс]. – http://azps.ru/articles/proc/proc78.html

4. Маслова В. А. Лингвокультурология: Учеб. пособие для студ. высш. учеб, заведений.[Электронный ресурс]. – http://helpforlinguist.narod.ru/200110N0057/MaslovaVA.html

5. Международный журнал прикладных и фундаментальных исследований № 9, 2012. .[Электронный ресурс]. – http://www.rae.ru/upfs/pdf/2012/09/2012_09_108.pdf

6. Научно-популярная он-лайн энциклопедия «Кругосвет». [Электронный ресурс]. – http://www.krugosvet.ru/node/41681?page=0,2

7. Словарь лингвистических терминов Т.В. Жеребило .[Электронный ресурс]. –lingvistics_dictionary.academic.ru.

**Рец И.В.**

Рец Ирина Владимировна, аспирант кафедры немецкой филологии Волгоградского Государственного Университета, г. Волгоград, проспект Университетский, 100, 400062. irina☐rets☐bk.ru

## РЕЧЕВАЯ КУЛЬТУРА И УЗУС В ЭПОХУ ГЛОБАЛИЗАЦИИ
### (на материале английского и нидерландского языков)

Языковая система является результатом длительного и зачастую стихийного развития. Хотя, с одной стороны, действуют институты, регулирующие данную эволюцию (словари, грамматики, научные исследования), цель которых заключается в кодификации языка и выработки узуальных норм, с другой стороны – формируется узус, или другими словами, общепринятое носителями данного языка употребление языковых единиц, который также влияет на изменения в его системе.

В настоящее время, когда мир вступил в эпоху глобализации, а информационная и электронная революции коренным образом преобразовали быт человека, предоставили возможность устанавливать и поддерживать контакты между людьми в любой точке земного шара, проблема соотношения речевой культуры и узуса является особенно актуальной.

В сознании, как обычных пользователей языка, так и квалифицированных лингвистов языковая система не может существовать во всей ее сложности, вследствие стихийного характера ее развития, постоянного изменения, а, главное, ее масштабности. По степени языковой компетенции, речевой культуры, носители языка неодинаковы. Так, Н.И. Толстой выделяет 4 типа речевой культуры: элитарный, просторечный, арготический и народно-речевой ☐4☐ О.Б. Сиротинина дает более дробное деление речевых культур в рамках литературного языка: «полнофункциональный тип (компетентность в функционально-стилевой дифференциации языка, привычка во всем себя проверять); неполнофункциональный тип (владение не всеми функциональными типами), среднелитературный тип (владение только разговорным и профессионально необходимым стилем); обиходный тип (владение только разговорной речью, стилевая монотонность)» ☐5, 9☐

Ряд исследователей отмечают ускорение изменения узуальных норм, а также факт дифференциации элитарного типа речевой культуры, начиная со второй половины XX в ☐ ☐2☐6☐ Мы провели исследование, в рамках которого был проанализирован корпус голландских неологизмов последних трех десятилетий в количестве 3000 единиц, отобранных методом сплошной выборки из словарей новой лексики *Woordenboek van Neologismen* ☐8] и *De Taal van het Jaar* ☐10], ежегодных списков новых слов, зарегистрированных в толковом словаре *Groot Woordenboek der*

*Nederlandse Taal* [7], а также «слов года» (2003-2013 гг.) нидерландского языка.

Результаты исследования позволяют установить основные экстралингвистические факторы, влияющие на столь интенсивное изменение узуса английского и нидерландского языков за последние три десятилетия:

### 1. Развитие Интернета и увеличение личностного начала речи

Если, скажем, в XIX в. изменение узуса происходило под влиянием художественной литературы, а в XX в. – СМИ, то в XXI в. растет влияние Интернета с его открытой диалогичностью, интерактивностью, отсутствием внутренней цензуры. В Интернет-коммуникации происходит изменение привычных слов литературного языка, появляются новые аббревиатуры и сокращения: англ. *dunno (don't know)* 'не знаю'; нидерл. *moettie (moet hij)* 'он должен'; англ. *fyi (for your information)* 'для вашего сведения'; нидерл. *ieg (in elk geval)* 'в любом случае' и др.

### 2. Глобализация

Под глобализацией мы понимаем «процесс всевозрастающего воздействия на социальную действительность в отдельных странах различных факторов международного значения» [9, 12] Поскольку языки и культуры не могут быть автономными, изолированными от социальных факторов, они становятся уязвимыми в результате воздействия данного процесса. Вследствие того, что в настоящее время роль глобального языка выполняет английский, в ряде национальных языков отмечается появление большого количества англицизмов (40% англицизмов в проанализированном корпусе нидерландского языка). Кроме того, глобализация сопровождается активными миграционными процессами, что также влияет на изменение узуса. В некоторых случаях, как указывает Н.Л. Шамне, в рамках национального языка формируется особое арго со своими особенностями произношения и языковым регистром [6]

### 3. Научно-техническая революция

Небывалый научно-технический прогресс обуславливает терминологизацию языка. Лексические единицы, ранее являвшиеся частью общеупотребительной лексики, в настоящее время путем метонимического переноса относятся и к сфере науки и технологий: англ. *memory* 'память / среда хранения данных в компьютере' *virus* 'вирус / вредоносное программное обеспечение' и др.

### 4. Политическая корректность

Политкорректность выражается в «стремлении найти новые способы языкового выражения взамен тех, которые задевают чувства и достоинства индивидуума» [3, 156].Этот феномен вызвал изменения в системе языка, что проявилось в появлении новых единиц- эвфемизмов и регламентированном употреблении некоторых слов. Так, вместо традиционных словосочетаний англ. *drug addict* 'наркоман', *city slums* 'трущобы' используются *substance abuser* 'лицо, злоупотребляющее психоактивными веществами' и *substandard housing* 'неблагоприятные жилищные условия'; нидерл. вместо *gekkenhuis* 'сумасшедший дом' - *sanatorium voor zenuwlijders* 'нервно-психиатрический санаторий' и др.

Таким образом, экстралингвистические факторы, влияющие на изменение узуса различаются, как по своей природе, так и по степени воздействия. В сложившихся условиях глобализации необходим мониторинг данных изменений со стороны лингвистов, а также специалистов в области языковой политики в целях поддержания экологии языка и высокой речевой культуры его носителей.

## Литература:

1. Костомаров, В.Г. Языковой вкус эпохи: из наблюдений над речевой практикой масс-медиа. – СПб.: Златоуст, 1999. - 319 с.

2. Кронгауз, М.А. Русский язык на грани нервного срыва. – М.: Языки славянских культур, 2008. - 232 с.

3. Тер-Минасова, С.Г. Язык и межкультурная коммуникация. – М.: Слово/Slovo, 2000. – 624 с.

4. Толстой, Н.И. Язык и культура (Некоторые проблемы славянской этнолингвистики) // Русский язык и современность: Проблемы и перспективы развития русистики: в 2 ч. / Ин-т рус. яз. АН СССР. М., 1991. Ч. 1. С. 5-22.

5. Сиротинина, О.Б. Русский язык: система, узус и создаваемые ими риски. – Саратов: Изд-во Саратовского университета, 2013. – 116 с.

6. Шамне Н.Л. Социолингвистическое пространство региона и проблемы глобализации // Сб. мат. международ. науч.-теоретич. Конф. "Язык и глобализация", Алматы: КазНУ им. аль-Фараби, 2013 г. С. 66 – 69.

7. Boon C. A. den, Geeraerts D. Groot woordenboek der Nederlandse taal. ☐trecht-Antwerpen☐Van Dale lexicografie, 2005. 4464 p.

8. Coster M. de. Woordenboek van neologismen. Amsterdam-Antwerpen☐ ☐itgeverij Contact, 1999. 728 p.

9. Robertson R. Globalization Theory and Civilization Analysis // Comparative Civilizations Review. 1987. Vol. 17. P. 5-30.

10. Sanders E. De taal van het jaar. Amsterdam – Rotterdam☐☐itgeverij Prometheus, 2004. 129 p.

**Каюмова А.Р.**

кандидат филологических наук, Казанский (Приволжский) Федеральный Университет

alb1980@yandex.ru

**Коноплева Н.В.**

кандидат филологических наук, Казанский (Приволжский) Федеральный Университет

natali.konopleva@mail.ru

# ПЕРЕВОД АНГЛИЙСКИХ ФРАЗЕОЛОГИЧЕСКИХ ЕДИНИЦ С КОМПОНЕНТОМ «WATER» НА РУССКИЙ, ИСПАНСКИЙ И ТАТАРСКИЙ ЯЗЫКИ

В данной статье мы проиллюстрируем методику выявления межъязыковых соответствий, разработанную Е.Ф.Арсентьевой, на материале 50 английских ФЕ с компонентом «WATER» (вода) и их соответствий в трех языках.

Данная методика включает в себя три этапа: 1) выявление степени тождества / различия в семном составе соотносимых фразеологических единиц (далее ФЕ) на уровне сигнификативно-денотативного и коннотативного макрокомпонентов значения, 2) выявление степени тождества / различия в компонентном (лексическом) составе ФЕ и 3) выявление степени тождества / различия в структурно-грамматическом оформлении ФЕ [6].

Первый этап данного исследования состоял из отбора английских ФЕ с компонентом «WATER» из одноязычного фразеологического словаря [5] и электронных онлайн словарей [1; 2; 4] методом сплошной выборки. Общее количество английских ФЕ с компонентом «WATER» составило 50 единиц.

На втором этапе исследования нами были проанализированы многоязычный словарь [8] и двуязычные фразеологические словари [3; 7; 9] на наличие межъязыковых соответствий между тремя парами языков, а именно английским и русским, английским и испанским, английским и татарским языками. В связи с универсальностью концепта «WATER», нами была выдвинута следующая экспериментальная *гипотеза*: большинство межъязыковых соответствий будет находиться в отношениях эквивалентности (полной или частичной), так как ФЕ с компонентом «WATER» потенциально универсальны. Тем не менее, результаты, представленные ниже, опровергают данную гипотезу.

Фразеологические эквиваленты подразделяются на полные и частичные.

Полные фразеологические эквиваленты тождественны на

семантическом, структурно-грамматическом и компонентном уровнях. При этом совпадение структурно-грамматической организации английских, испанских, русских и татарских ФЕ подразумевает учет специфики типологических признаков, присущих одному языку и не характерных для другого.

Наши данные показывают, что число полных фразеологических эквивалентов мало. Наименьшее число представлено в паре английский и татарский языки.

**Примеры**

а) англ.–исп.: *be on bread and water* (букв. быть на хлебе и воде) и *estar a pan y agua* (букв. быть на хлебе и воде);

б) англ.–рус.: *muddy the wate*r (букв. мутить воду) и *мутить воду*;

в) англ.–тат.: *carry water in a sieve* (букв. носить воду в решете) и *иләк белән су ташу* (букв. носить воду в решете).

Частичные эквиваленты характеризуются полным тождеством плана содержания и близким сходством плана выражения. Частичные эквиваленты характеризуются расхождением в семантическом объеме, что проявляется в случаях моносемии / полисемии, обоюдной полисемии с расхождением в одном из значений, а также некоторых различий в семном составе ФЕ.

Частичные фразеологические эквиваленты являются редкостью, также как и полные фразеологические эквиваленты. Наименьшее число представлено в двух парах языков: английский и татарский, английский и испанский языки.

**Примеры**

а) англ.–исп.: *make water* (букв. делать воду) и *hacer aguas* (букв. делать воды);

б) англ.–рус.: *flow like water* (букв. литься как вода) и *литься рекой*;

в) англ.–тат.: *muddy the wate*r (букв. мутить воду) и *суны болгату* (букв. мешать воду).

Фразеологические аналоги также подразделяются на полные и частичные.

Характерной особенностью полных аналогов является сходство семантики при различиях компонентного состава и структурно-грамматической организации. Подгруппа фразеологических полных аналогов является самой многочисленной среди всех типов межъязыковых фразеологических соответствий.

**Примеры**

а) англ.–исп.: *throw the baby out with the bath water* (букв. выбросить ребенка с водой из ванны) и *tirar las frutas frescas con las pochas* (букв. выбросить свежие фрукты с перезрелыми);

б) англ.–рус.: *Still waters run deep* (букв. стоячие воды бегут глубоко) и *В тихом омуте черти водятся*;

в) англ.–тат.: *Still waters run deep* (букв. стоячие воды бегут глубоко) и *Тымызык күлдә корт уйный* (букв. червь играет в тихом озере).

Частичные аналоги характеризуются приблизительным сходством плана содержания. План выражения в них полностью различен. Примеры частичных фразеологических аналогов не были выявлены среди сопоставляемых языков.

Фразеология – национально обусловленное явление. Большинство английских ФЕ не находят соответствий на уровне фразеологии в сопоставляемых языках. К основным способам перевода подобных ФЕ относятся описательный и лексический способ перевода, калькирование и комбинированный способ.

Чаще всего безэквивалентные английские ФЕ переводятся посредством развернутого описания, с помощью стилистически нейтральных переменных словосочетаний на другие языки (т.е. описательный способ перевода).

**Примеры**

а) англ.–исп.: *dull as dishwater* (букв. скучный как вода из-под грязной посуды) и *terriblemente aburrido* (букв. ужасно скучный);

б) англ.–рус.: *be in hot water* (букв. быть в горячей воде) и *быть в затруднительном положении*;

в) англ.–тат.: *keep head above water* (букв. держать голову над водой) и *авырлыкка бирешмәү* (букв. не поддаваться трудностям).

В случае лексического способа перевода, т.е. передачи значения ФЕ с помощью одного слова, редко удается передать коннотативный заряд исходной ФЕ полностью. Переданным оказывается только сигнификативно-денотативное значение и субъективно-оценочная коннотация.

**Примеры**

а) англ.–исп.: *pass water* (букв. пересекать воду) и *orinar* (букв. мочиться);

б) англ.–рус.: *make a hole in the water* (букв. сделать дырку в воде) и *утопиться*;

в) англ.–тат.: *pour oil on troubled water* (букв. лить масло на беспокойную воду) и *тынычландыру* (букв. успокаивать).

Живой фразеологический образ лучше всего передается при калькировании / полукалькировании. Калькирование позволяет наиболее точно воспроизвести на языке-рецепторе национально-культурную специфичность ФЕ языка-оригинала; тем не менее калькирование / полукалькирование является наименее востребованным способом передачи смысла ФЕ с компонентом «WATER».

***Примеры***

а) англ.–исп.: *Fire and water are good servants, but bad masters* (букв. Огонь и вода – верные слуги, но плохие хозяева) и *El fuego es un buen servidor pero un mal amo* (букв. Огонь – верный слуга, но плохой хозяин);

б) англ.–рус.: *Fire and water are good servants, but bad masters* (букв. Огонь и вода – верные слуги, но плохие хозяева) и *Огонь и вода – верные слуги, но воли им давать нельзя*;

в) англ.–тат.: *Fire and water are good servants, but bad masters* (букв. Огонь и вода – верные слуги, но плохие хозяева) и *Ут həм су- кешенең мəнгелек дуслары, лəкин аларга чиксез ирек бирергə ярамый* (букв. Огонь и вода – вечные друзья, но им полностью доверять нельзя).

Комбинированный способ перевода позволяет максимально полно передать как значение, так и образность ФЕ языка-оригинала.

***Примеры***

а) англ.–исп.: *a lot of water has flowed under the bridge* (букв. много воды протекло под мостом) и *ha corrido mucha agua bajo el puente; ha llovido mucho desde entonces* (букв. много воды протекло под мостом, много прошло дождей с тех пор); в данном случае в качестве межъязыкового соответствия приводится, во-первых, полный фразеологический эквивалент, во-вторых, полный фразеологический аналог;

б) англ.–рус.: *have (got) water on the brain* (букв. иметь воду на мозге) и *быть безмозглым; не все дома*; в данном случае дается описательный перевод, а затем русский полный аналог для сравнения;

в) англ.–тат.: *tread water* (букв. топтать воду) и *бер урында таптану; илəктəн чилəккə аудару* (букв. топтаться на одном месте; из решета в ведро перекладывать); в данном случае приводятся два фразеологических аналога.

В результате проведенного исследования можно сделать следующие выводы:

1. Процентное соотношение межъязыковых фразеологических и нефразеологических соответствий практически равно (Таблица 1). В тоже время количество фразеологических соответствий преобладает над нефразеологическими в двух парах языков: английском и испанском, английском и татарском; что удивительно, учитывая тот факт, что татарский и английский языки (в отличие от, предположим, английского и русского языков) являются двумя разносистемными генетически неродственными языками.

| Вид межъязыковых соответствий | Испанский | Русский | Татарский |
|---|---|---|---|
| Фразеологические соответствия | 58% | 44% | 55% |
| Нефразеологические соответствия | 42% | 56% | 45% |

Таблица 1. Частотность фразеологических и нефразеологических соответствий английских ФЕ с компонентом «WATER» в испанском, русском и татарском языках

2. Общее количество фразеологических эквивалентов незначительно. Соотношение фразеологических эквивалентов и аналогов представлено следующими показателями: 18:40 (англ.–исп.), 18:26 (англ.–рус.) и 12:43 (англ.–тат.). То есть преобладающему большинству межъязыковых соответствий свойственны отношения фразеологической полной аналогии. Данный факт свидетельствует о том, что вода воспринимается по-разному в английской, испанской, русской и татарской фразеологических картинах мира (Диаграмма 1).

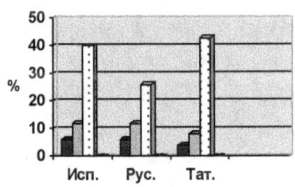 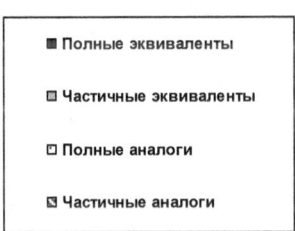

Диаграмма 1. Частотность фразеологических соответствий английских ФЕ с компонентом «WATER» в испанском, русском и татарском языках

3. Преимущественно английские безэквивалентные ФЕ переводятся посредством развернутого описания: на испанский язык – 17%, русский язык – 26%, татарский язык – 19%. Описательный перевод доминирует над комбинированным и лексическим способами перевода. Наименее распространенным способом перевода является калькирование (Диаграмма 2).

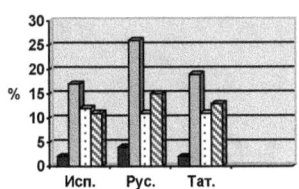 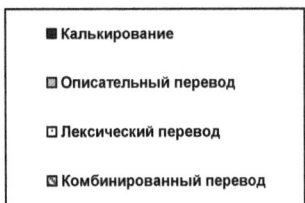

Д

Диаграмма 2. Частотность нефразеологических соответствий английских ФЕ с компонентом «WATER» в испанском, русском и татарском языках

## Литература

1. Cambridge Dictionaries Online [Электронный ресурс]. – Режим доступа: http://dictionary.cambridge.org/
2. Collins [Электронный ресурс]. – Режим доступа: http://www.collinsdictionary.com/
3. The big red book of Spanish idioms: 12,000 Spanish and English expressions. – Peter Weibel: McGraw-Hill Professional, 2004.
4. TheFreeDictionary by Farlex Inc. [Электронный ресурс]. – Режим доступа: http://www.thefreedictionary.com/
5. The Penguin Dictionary of English Idioms. – Daphne M. Gulland and David Hinds-Howell: Penguin Books Ltd, 2002.
6. Арсентьева Е.Ф. Сопоставительный анализ фразеологических единиц (на материале фразеологических единиц, семантически ориентированных на человека в английском и русском языках): дис. ...докт. филол. наук.- М., 1993. С. 122.
7. Кунин А.В. Большой англо-русский фразеологический словарь, 5-е изд. – М.: Русский язык – Медиа, 2006.
8. Русско-англо-немецко-турецко-татарский фразеологический словарь / Е.Ф.Арсентьева, Т.П.Трошкина, А.В.Шарипова, Р.А.Аюпова, Л.Р.Сакаева, Г.Р.Сафиуллина. – Казань: Изд-во Казан. гос. ун-та, 2008.
9. Сафиуллина Ф.С. Татарско-русский фразеологический словарь. – Казань: Изд-во МАГАРИФ, 2001.

**Сальникова Н.В.**

кандидат филологических наук, доцент кафедры романо-германского языкознания Гуманитарного института Северо-Кавказского федерального университета

**Рындина А.А.**

студентка 4 курса специальности «Лингвистика» Гуманитарного института Северо-Кавказского федерального университета

## СТРУКТУРНО-СЕМАНТИЧЕСКИЕ ОСОБЕННОСТИ КАТЕГОРИИ АППРОКСИМАЦИИ (НА ПРИМЕРЕ АМЕРИКАНСКОГО И РУССКОГО ПОЛИТИЧЕСКОГО ДИСКУРСА)

Часто, когда у говорящего отсутствуют точные знания об объекте или он желает выразить свои идеи завуалировано, он прибегает к приблизительной (аппроксимативной) оценочности. К данной категории активно прибегают в политическом дискурсе, где политический текст создается для того, чтобы охарактеризовать наметившиеся (или потенциальные) явления, происходящие в политической сфере, понять их суть, дать им авторскую оценку, указать пути логического завершения или разрешения конкретной политической ситуации. В данном исследовании, иллюстрируя особенности использования категории оценочности, использовались тексты выступлений крупнейших политических лидеров американской и русской лингвокультур – Б. Обамы и В.В. Путина.

Вслед за Н.Н. Болдыревым под аппроксимацией мы понимаем языковую единицу (морфема, слово, словосочетание, предикативная конструкция), имеющую сему "приблизительность", представленную в семантической структуре или контекстно обусловленную [1, 65]. Для выявления типологических аппроксиматоров в речи Б.Обамы и В.В.Путина, мы воспользовались классификацией аппроксиматоров, где за основу взята сфера их употребления: универсальные, квантификативные и квалификативные. Под универсальными аппроксиматорами мы понимаем языковые средства, выражающие аппроксимативное значение в области и качественных, и количественных отношений. Например: «*Весьма признателен за приглашение на столь представительную конференцию, собравшую политиков, военных, предпринимателей, экспертов из более чем 40 стран мира* [2]. Ограничения в плане сочетаемости таких аппроксиматоров с различными частями речи, например, существительными, прилагательными, глаголами, наречиями, числительными, местоимениями, а также предложными конструкциями практически не наблюдаются. Квантификативные аппроксиматоры (например: минимально, округлённо, средним числом) выступают определителями квантитативной аппроксимации в сочетании с квантификатором (собирательным, определенно-количественным, дробным, порядковым числительным, отрицательным местоимением ничто, никто, обобщающими местоимениями каждый, все; или существительным со значением определенного количества). Например: «*В результате не хватает сил на комплексное решение ни одного из них*» [2]. Квалификативные аппроксиматоры (например: своего рода, так называемый) служат для выражения значения квалитативной аппроксимации. Например: «*В международных делах все чаще встречается стремление решить тот или иной вопрос, исходя из так называемой политической целесообразности, основанной на текущей политической конъюнктуре*» [2].

Лексическое значение аппроксиматора актуализируется, как правило, сочетаясь со знаменательным словом:

- существительным: «*...the almost willful ignorance that thinks unemployment will go away if we just don't talk about it, or the health care crisis will solve itself if we just ignore it*» [3].

- местоимением: «*Now, there are some who question the scale of our ambitions - who suggest that our system cannot tolerate too many big plans*» [3].

- прилагательным: «*They saw America as bigger than the sum of our individual ambitions; greater than all the differences of birth or wealth or faction*» [3].

- глаголом: «*She equates even the most modest efforts to level life's playing field with somehow inhibiting our liberty*» [3].

- наречием: «*For us, they packed up their few worldly possessions and traveled across oceans in search of a new life*» [3].

- числительным: «*And we wind our way through the town and we go past the old courthouse, take a turn and suddenly we're in a big parking lot and about 300 people are standing there*» [3].

При этом выделяются лексические единицы, имеющие значение приблизительности как основное, реализующееся вне зависимости от контекста (sort of, kind of, about, nearly, approximately): «*Some experts predict that more than 100,000 soldiers may need some kind of mental health treatment when they come home*» [3]. Однако существуют лексические единицы, в которых значение приблизительности реализуется только в определенных контекстах (rather, quite).

Основным лексическим средством актуализации категории приблизительности выступает связанный аппроксиматор almost. Данное наречие может использоваться с целью не быть слишком категоричным при описании произошедшего: «*Unfortunately, as has been stated repeatedly on this floor, in almost every legal decision that she has made and every political speech that she has given ...*» [3].

В отношении аппроксимативного значения количества необходимо сказать, что объективация данного значения имеет место в пропозициях как со значением прямой, так и косвенной эвиденциальности. Такие аппроксиматоры как about, nearly употребляются говорящим (прямая эвиденциальность) или другим лицом (косвенная эвиденциальность) в связи с незнанием точного количества или наименования, при именовании сложных для восприятия количеств или нежеланием быть категоричным при выражении своей мысли: «*About a week after the primary, Dick Durbin and I embarked on a nineteen city tour of Southern Illinois*» [3]. Данные аппроксиматоры также могут выражать отсутствие необходимости в точном наименовании количества. Например: «*Let me tell you about the first time I went to Cairo. It was about 30 years ago*» [3].

Кроме вышеупомянутых лексических средств возможно употребление таких аппроксиматоров как around, approximately, something (less /more, like):

«*Less measurable but no less profound is a sapping of confidence across our land - a nagging fear that America's decline is inevitable, and that the next generation must lower its sights. For us, they fought and died, in places like Concord and Gettysburg; Normandy and Khe Sahn*» [3].

С другой стороны, при сообщении приблизительных данных, когда говорящий предоставляет наименее важную информацию, составляющую фон события, или попросту выражает предположение по поводу осуществления какого-либо действия, источник сведений не указывается (прямая эвиденциальность). В таком случае могут отсутствовать точная информация или количество, или же отсутствует необходимость в точном наименовании сложных для восприятия количеств. Данное значение выражается с помощью лексических аппроксиматоров: about, almost, nearly, some, a little: 1. «*And we wind our way through the town and we go past the old courthouse, take a turn and suddenly we're in a big parking lot and about 300 people are standing there*» [3].

Проведенный анализ особенностей использования категории аппроксимации в политическом дискурсе позволил судить о широкой распространенности данной категории языка в выступления политических деятелей. Риторы, избегая конкретных суждений, указания достоверных данных, выражения точной оценки происходящих событий, прибегают к использованию лексических единиц – аппроксиматоров, позволяющих риторам при выражении своих интенциональных установок остаться в рамках коммуникативной ситуации.

## Литература

1. Болдырев, Н.Н. Функциональная категоризация английского глагола: Дис. . д-ра филол. наук, 10.02.04: / Болдырев Николай Николаевич. Спб., 1995. -445с.

2. Путин В.В. Асимметричный ответ. Стенограмма речи В. Путина на конференции в Мюнхене http://lenta.ru/articles/2007/02/10/asymmetry/ (дата обращения 10.04.14)

3. Obama, B. Best Speeches of Barack Obama through his 2009 Inauguration http://obamaspeeches.com (дата обращения 15.04.14)

**Косицына И.К.**
аспирант ФГБОУ ВПО «Амурский государственный университет»

## ЛЕКСИКОГРАФИЧЕСКОЕ ОПИСАНИЕ МЕМУАРНЫХ ПРОИЗВЕДЕНИЙ

(на материале книг И.А. Дьякова «О пережитом в Маньчжурии за веру и Отечество» и Т.И. Золотаревой «Маньчжурские были»)

Мемуарные произведения восточной эмиграции – ценный источник для всех, кто интересуется историей и культурой русской восточной эмиграции н. XX в. Подобные произведения весьма интересны и для лингвистов, не имеющих возможности полевых исследований, изучающих особенности существования русского языка, «оторванного» от языка метрополии, но продолжавшего функционировать за ее пределами.

В рамках данной статьи предполагается рассмотреть книги воспоминаний И.А. Дьякова «О пережитом в Маньчжурии за веру и Отечество» и Т.И. Золатаревой «Маньчжурские были» как источники лексикографического описания.

Иван Андреевич Дьяков (1881 - 1969) - ученый-востоковед. Проводил исследования на островах Тихого океана, на Борнео и в Гонконге. Некоторое время жил в Маньчжурии. Служил инспектором в русских школах в Трехречье в 1 пол. 40-х гг. XX в. В 1945 г. преподавал в лицее св. Николая в Харбине. В 50-х гг. вернулся в Россию. Служил регентом в г. Моршанске Тамбовской области. Книга «О пережитом в Маньчжурии за веру и Отечество» была написана им незадолго до смерти.

Татьяна Ивановна Золотарёва (1913 - 2006) – бывшая благовешенка, вынужденная в 1929 г. эмигрировать в Харбин. В 60-х гг. она реэмигрировала в Австралию, где и скончалась в 2006 г. Занималась преподаванием русского языка и литературы. Ее книга - «Маньчжурские были» - была написана и издана в Сиднее, она состоят из 33 глав-очерков, повествующих о жизни Татьяны Ивановны в Маньчжурии. В основу книги были положены дневники, которые Т.И. Золотарева вела в течение своего пребывания в этой стране.

Данные источники были исследованы на предмет наличия в них специфической лексики, которую можно понимать как собственно харбинскую лексику (т.е. лексику, «которая активно функционировала в русской речи восточного зарубежья и составляла ее специфику в отличие от языка метрополии» [3, с. 113]).

В предлагаемой классификации представлены:

1) слова, называющие реалии социально-политической действительности русской Маньчжурии и являющиеся, чаще всего, заимствованиями из японского и китайского языков;

2) слова, являющиеся экзотизмами для носителей языка метрополии, но представляющие собой «освоенные» заимствования в языке авторов (это слова, называющие реалии китайской, монгольской, а также японской действительности);

3) слова, имеющие пометы «устар.», «доревол.» в словарях метрополии, но входящие в активный словарный запас русских эмигрантов.

Структура словарной статьи следующая: *заглавное слово,* которое представлено в исходной грамматической форме; *толкование значения,* которое осуществляется, в основном, через развернутое описание; *иллюстративная часть,* которая представляет собой цитату из источника со ссылкой на него в скобках.

*Слова первой группы* представлены в текстах достаточно широко.

**АМАТЭРАСУ**

Верховная богиня в синтоизме, особо почитаемая японцами и настоятельно рекомендуемая в качестве объекта поклонения русским эмигрантам во времена японского диктата в Маньчжурии.

*«Во-вторых, - продолжал я, - благоговейное почитание богини Аматэрасу противоречит основным принципам христианства»* [1, с. 35].

**ЖОХО**

Особый рапорт, в котором нужно было сообщать японскому начальству о настроениях населения. Приказ о подаче таких рапортов был воспринят русскими служащими крайне негативно.

*«Служащие некоторых объектов, например охранники железнодорожной полиции должны были подавать своему начальству «жохо» - сведения о настроении и разговорах среди населения, и особенно о тех, кто критикует действия японцев»* [2, с.191].

**КИОВАКАЙ**

Общественная организация, стоявшая «на страже величия (японского) трона» и занимавшаяся идеологическим воспитанием молодежи (в т.ч. и из среды русских эмигрантов) в духе восприятия Японии как спасительницы Азии.

*«После обеда я имел такую же беседу с начальником трехреченского штаба Киовакай»*[1, с. 53].

**ЧЖЕ-МИН-ШУ**

Специальное удостоверение для пассажиров железной дороги, введенное японцами после основания Маньчжоу-Го.

*«На Восточной линии железной дороги требовали с пассажиров специальное удостоверение Чже-мин-шу, маленькую книжечку с отпечатком большого пальца на первой странице»* [2, с.187].

*Слова второй группы* также широко представлены в текстах. Это заимствованные слова, часть которых функционировала в языке метрополии, но не входила в его активный запас.

**ГОБИ**

Денежная единица, находившаяся в обращении в I пол. XX в. в Северо-Восточном Китае.

*«Население «добровольно», под страхом репрессий, обязано было сдавать государству зерно по 3 гоби за пуд»* [1, с. 17].

**КАН**

Китайская каменная кровать, которая располагалась над отверстием, предназначенным для разведения огня с целью обогрева кровати.

*«Мы с Алешей частенько отдыхали там, на кане, раскуривая трубки в ожидании ужина, который так вкусно готовил Ван»* [2, с.163].

**КУМИРНЯ**

Языческая молельня.

*«Сначала богине Матраске кланяться заставят, а там и в кумирню ихнюю – языческую - погонят»* [1, с. 49].

**НАМАЙЧИНА**

Монгольское печенье.

*«В его поселке жили торговцы, среди которых проживал Брусенцев Николай Петрович с сыновьями. У него можно было купить намайчины (особое монгольское печенье), спирт, чай, хлопчатобумажные ткани»* [2, с.248].

**УЧКА-ТАБИ**

Легкая японская обувь.

*«Роса еще не высохла, и порою с деревьев, если заденешь, осыпало каскадами брызг. Куртки наши стали влажными, а учка-таби промокли»* [2, с.158].

**ХАНА**

Китайский спиртной напиток.

*«Затем наварили пельменей, поели, выпили по две чашки ханы, а после стали расходиться: пришлые к местным, а местные по своим фанзам»* [2, с.37].

**Слова третьей группы** употребляются в данных источниках как слова активного запаса, хотя на момент своего функционирования в языке русской восточной эмиграции в словарях метрополии они уже имели пометы «устар.» и «доревол.».

**ВЕРСТА**

Путевая мера.

В словарях толкуется как «старая русская мера длины, равная 1,06 км.» [3].

*«Станица Драгоценка, что в 17 верстах от Хайлара»* [1, с. 9].

**ГУБЕРНАТОР**

Управляющий губернией.

В словарях толкуется как «начальник большой административно-территориальной единицы» в царской России [3;4].

«*Мне удалось внушить **губернатору**, что наша Южно-Айгуньская губерния должна быть передовой в смысле просвещения*» [1, с. 23].

**ПОСТОЯЛЫЙ ДВОР**

Помещение со спальными местами для проезжающих.

«***Постоялый двор** представлял собой глинобитное помещение метров пять длиной и метра четыре шириной, вдоль одной из стен тянулся кан, над которым была протянута веревка. На веревку для сушки вешали полотенца или что-нибудь из одежды. У входа – окошко, у которого стоял столик*» [2, с.16].

**ПУД**

Мера веса.

В словарях толкуется как «старая русская мера веса, равная 16, 38 кг.» [3;4].

«*Эту недоброкачественную муку продавали населению почти по 13 гоби за **пуд***» [1, с. 17].

Приведенные выше примеры доказательно иллюстрируют тот факт, что книги И.А. Дьякова и Т.И. Золотаревой можно рассматривать как лексикографические источники, материалы данных книг могут стать объектом особого лексикографического описания. Они также могут быть использованы при создании «Словаря собственно харбинской лексики».

## Литература

1. Дьяков И. О пережитом в Маньчжурии за веру и Отечество. Записки православного. – Свято-Троицкая Сергиева Лавра, 2000. - 104 с.
2. Золотарева Т.И. Маньчжурские были. – Сидней, 2000. – 267 с.
3. Оглезнева Е.А. О проекте словаря харбинской лексики// Слово: Фольклорно-диалектологический альманах. Материалы научных экспедиций. – Вып.6, специальный. Русское слово в восточном зарубежье/ Сост. и ред. Е.А. Оглезнева. – Благовещенск: Амурский государственный университет, 2008. – С.113-124.
4. Ожегов С.И. Толковый словарь русского языка. – М., 1993. – 917 с.
5. Толковый словарь русского языка: В 4 Т./ Под ред. Д.Н. Ушакова. – М., 1935-1940.

**Мухарлямова Л.Р.**
кандидат филологических наук, Казанский (Приволжский) федеральный
университет
mukharlyamova@mail.ru

## СЕМАНТИКА И ФУНКЦИОНИРОВАНИЕ ГЛАГОЛОВ НАСТОЯЩЕГО ВРЕМЕНИ В ПАРЕМИЯХ РАЗНОСТРУКТУРНЫХ ЯЗЫКОВ

Не изучив сознание человека, зафиксированное с помощью языка, не представляется возможным познать особенности национального характера. Одним из источников интерпретации национальных эталонов является паремиологический фонд языка. Паремии характеризуют менталитет нации, отражают опыт народа. Одной из категорий, репрезентирующих результаты социального опыта, мыслительной деятельности посредством языковых единиц является категория времени. Изучение выражения в языке временной семантики позволяет охарактеризовать мировоззрение различных народов, поскольку восприятие времени находит отражение во всех культурах.

Основной формой выражения времени в языке является глагольное время, это, согласно А.В.Бондарко, «грамматический центр, морфологическое ядро темпоральности» [1, 76].

Как известно, любой глагол в форме изъявительного наклонения характеризуется отнесенностью к моменту речи. Данная отнесенность формирует грамматическую категорию времени [3, 489].

Существуют различные классификации глагольных времен сопоставляемых нами русского, татарского и английского языков. При этом, если татарский и английский языки имеют развитую систему времен (в татарском языке 9 форм глагольного времени, в английском – 16), в русском языке выделяют только 5 форм глагольного времени.

«Выражение одновременности по отношению к грамматической точке отсчета следует понимать как значение настоящего времени» [2, 8].

Согласно А.В.Бондарко, в русском языке выделяются две разновидности настоящего времени: «настоящее актуальное – выражается конкретное (локализованное во времени) действие, протекающее в момент речи, и настоящее неактуальное (не выражается протекание действия в момент речи)» [1, 91].

Существует несколько вариантов настоящего актуального времени:

- конкретное настоящее время момента речи, которое выражает действие, протекающее именно в момент, период речи. Несмотря на то, что действие может быть начато до ситуации речи и продолжено в будущем, это никак не подчеркивается, внимание сосредоточено на происходящем в данный момент: *Посеяли злаки, а* ***косим*** *осот да маки.*

*Что скоро **скучит**, то скоро научит. У всякого свой вкус: кто **любит** арбуз, а кто свиной хрящик;*

В татарском языке настоящее конкретное также обозначает действие, совпадающее с моментом речи: *Күкэй салмас тавык, кон элгэре **кытаклый**.Кем **эшлэми**, шул **ашамый**. Вакыт комны ташка, ташны комга **эйлэндерэ**.Араларыннан җил дэ **утми**.*

В английском языке этому значению соответствует настоящее длительное время (Present Continuous): *If you happen to see a spider on Halloween it is the spirit of a dead loved one **is watching** over you. Do not cut the bough you **are standing**. He that has a great nose thinks everybody **is speaking** of it.*

- расширенное настоящее, при котором действие осуществляется в момент речи, но не только в этот момент, а охватывает определенный отрезок прошлого. Охват того или иного отрезка прошлого может быть выражен лексическими показателями темпоральности: *До тридцати лет **греет** жена, после тридцати рюмка вина, а после – и печь не греет. Зять с тещею говорит день до вечера, а послушать нечего. Много новых горшков перебито, а молостов другой век **служит**;*

Настоящее расширенное обозначает повторяющиеся, постоянные действия. При этом для реализации данного значения необходим контекст, который передавал бы оттенок постоянства, лексические показатели времени. В английском языке это значение передает основное настоящее время (Present Simple): *All things **are** difficult before they **are** easy. A clear conscience **laughs** at false accusations. The childhood **shows** the man, as morning **shows** the day.*

В то же время к настоящему расширенному времени в татарском и английском языках, как отмечает В.Н.Хисамова, относится настоящее качественное. Качественная характеристика обозначает действие или состояние, приписываемое данному субъекту как его свойство или качество; «в данном случае действие не мыслится как соотнесенное с каким-то определенным моментом речи, а представляется неким постоянным признаком: это профессиональная деятельность, какая-либо черта характера, поведение, умение, свойство» [4, 23]. Настоящее качественное время может выражать обобщенное действие, близкое к вневременному. Данное значение возникает при формулировании правил, непреложных истин, часто наблюдается в паремиях: *Криком изба **не рубится**, шумом дело **не спорится**. Труд человека **кормит**, а лень **портит**. Күз яше җиргэ тамса да **кипми**. Алма агачыннан ерак **тошми**. Time and tide **wait** for no man.*

3) настоящее время постоянного действия, когда план настоящего расширяется настолько, что речь идет уже о чем-то постоянном. Действие при этом не обобщается, сохраняет свою непрерывность и монолитность: *Все скоро **сказывается**, да не все скоро **делается**. Женился раз, а*

*плачешься* век. Семейный горшок всегда **кипит**. В один день по две радости **не живут**. Чего жена **не любит**, того мужу век не видать.

Настоящее неактуальное время может обозначать повторяющиеся, обычные, регулярные действия (абстрактное настоящее). Значение повторяющегося, обычного и обобщенного действия подчеркивается такими лексическими показателями, как каждый день, обычно, редко, всегда и т.п.: *Когда нет кота в дому, то **играют** мыши по столу. Чужой талан скоро **растет**, а нам **ни ползет**, **ни лезет**. Иной **стреляет** редко, да попадает метко. Ай һәрвакыт **тулы тормый**, чокыр һәрчак **сулы булмый**. Bad news **travels** fast. Barking dogs seldom **bite**.*

Английский язык отличает наличие настоящего перфектного времени (Present Perfect), основным значением является результативность: *To sell the bear's skin before one **has caught** the bear. You **have made** your bed and you must catch none. He knows best what good is that **has endured** evil. Wine **has drowned** more men than the sea.*

В русском и татарском языке данной форме времени соответствует прошедшее время.

Таким образом, помимо основной функции выражения действия, совпадающего с моментом речи, форма настоящего времени в сопоставляемых языках также способна широко применяться и для выражения прошедшего и будущего времени, т.е. наблюдается относительное или релятивное употребление временных форм.

## Литература

1. Бондарко А.В. Русский глагол / А.В.Бондарко, Л.Л.Буланин. – Л.: Просвещение, 1967. – 192 с.

2. Мухарлямова Л.Р. Лингвокультурологическое поле времени в паремиях русского языка (в зеркале паремий татарского и английского языков): автореф. дис. ... канд. фил. наук. / Л.Р.Мухарлямова. – Казань, 2010. – 26 с.

3. Современный русский язык: Учеб. для филол. спец. ун-тов / В.А.Белошапкова, Е.А.Брызгунова, Е.А.Земская и др.; Под ред. В.А.Белошапковой. – М.: Высш. шк., 1989. – 800 с.

4. Хисамова, В.Н. Глагольная система татарского и английского языков: Сопоставительный анализ в аспекте изучения английского языка на базе родного (татарского) языка / В.Н.Хисамова. – Казань, Изд-во Казанск. ун-та, 2004. – 252 с.

**Шаяхметова Л.Х.**

Казанский федеральный университет, канд.филол.наук

## ЛИНГВОКУЛЬТУРОЛОГИЧЕСКОЕ ПОЛЕ "УТ" (ОГОНЬ) НА МАТЕРИАЛЕ МИФОЛОГИЧЕСКИХ И ИСТОРИКО-ЭТНОГРАФИЧЕСКИХ ДАННЫХ

В осознании феномена языка и языковой картины мира, по мнению А.Ф.Лосева, многое зависит от присутствия и раскрытия мифа в именах денотативных сущностей. То, что мифологичность является основой диалектичности, совершенно очевидно: именно миф сообщает ту энергию, которая питает этимологию, семантику и прагматику номинации, с ее динамическим развитием денотации и коннотации. Мифология определяет новую реальность словаря, строящегося на идее индивидуальной ощущаемости речевого номинационного фрагмента картины мира [2, 99].

Ученый-фольклорист Ф.И. Урманче отмечает неописуемо важную роль очага и огня в истории человечества. По мнению исследователя, исходя из данных мифологий народов мира, "ут" – это, прежде всего, символ таких божественных явлений, как *сила, мощь, очищение, открытие, изменение, возрождение, одухотворение и вдохновение*. Помимо этого "ут" является символом Солнца и обладает способностями как рождения, так и разрушения, сожжения и необратимого, безвозвратного уничтожения. Ф.И. Урманче также рассматривает тексты, содержащие семы «ут», через призму религиозно-мифологической категории *Вечного огня – Mäŋgelek ut*, истоки которой, по его мнению, восходят к религии Зороастризма, обоснованной и распространенной в XV-X в. до н.э. на Древнем Востоке. Ученый считает, что поклонение огню присутствовало в той или иной мере в любой религии. А сама идея вечного сохранения огня начинается с поклонения человеком огню своего очага, которое относится к VII в. до н.э., времени зарождения человеческой цивилизации на Древнем Востоке. [6, 98]

Следует отметить также содержание мифологических трактовок *Ут* и другого татарского ученого-писателя Г. Гильманова: *ут* – очищение, способ лечения; *ут* – тепло, теплота дома; *ут* – символ семьи, защитник; *ут* – страшная стихия: опасность, пожар, признак смерти; *ут* – священная стихия [5, 72], которые также подтверждают наличие ценностного содержания "Ут" в татарском сознании.

Миф образует основу этимологии словаря, через мифологемы мы можем выяснить причину номинации тех или иных явлений, понятий. Что же является мотивом возникновения лексемы «ут»?

По данным мифологических словарей, трудов татарского ученого-историка и создателя фундаментальных исторических романов Н.С.Фаттаха [7], существует влияние и проникновение древнеегипетской и древней шумеро-аккадской культур в древнетюркскую. Опираясь на труды Н.С.Фаттаха, мы можем говорить о существовании преемственности или даже родственности древнетюркских и древнеегипетских верований во взаимоотношения понятий "ут"-травы и "кояш"-солнца.

В древнеегипетской мифологии упоминается об *Уто* ("зеленая"), богине-хранительнице бога Солнца Ра, сжигающей своим оком его врагов (напомним, что одним из значений лексемы *"от"* по "Древнетюркскому словарю" является *зрачок*, что яляется еще одним аргументом вышеуказанной межкультурной связи). В ряде текстов *Уто* – богиня, творящая добро: она дает мази для бальзамирования, огнем своего дыхания удлиняет жизнь, как "зеленая" способствует произрастанию растений. В поздний период Уто изображалась львиноголовой женщиной с солнечным диском на голове. Как богиня-мать отождествлялась с *Мут*, богиней неба, которая считалась "матерью матерей" и изображалась в виде женщины. Священным животным *Мут* была корова (здесь мы видим явное созвучие с тюркской мифологией, где корова является символом ут-огня) [3, 565].

Что касается других источников, в материалах по татарской мифологии упоминается о божестве финно-угорцев *Ут,* что означало "лесной человек", то есть о "лесном боге", что также свидетельствует о существовании отношений "Кояш-Солнце – ут-растение (дерево) – ут-огонь" [5, 74].

В древней шумеро-аккадской мифологии также есть *Уту,* или *Уту-Шамаш* ("Уту" – *шумер.* "сияющий, светлый"; "шамаш" – *аккад.* "солнце"). В ежедневном странствии по небу Уту-шамаш вечером скрывается, а утром снова выходит из-за гор (по аккадской традиции, из-за гор Машу). Ночью *Уту-Шамаш* путешествует по подземному миру, принося мертвецам свет, еду и питье. Как божество всевидящего света *Уту-Шамаш* – судья, хранитель справедливости и истины. *Уту* также бог-защитник и податель оракулов. Следует отметить, что губительность, палящий зной солнечных лучей ассоциируется не с *Уто*, а с другими божествами шумеро-аккадской мифологии *Нергалем* или с *Гибилом* [3, 566].

Если «Ут» («Огонь») являлось более обобщенным понятием, означающим любое проявление огня, то горящая груда веток-поленьев, неизменно сопутствующая степным кочевникам, имела свое название – **«учак»** (очаг, костер). Место, где горел "учак" какого-либо племени, считалось его родной землей: по Л.Н. Гумилеву, кочевой быт отнюдь не предполагал беспорядочного блуждания по степи. *Места летовок и зимовок* у кочевников строго распределялись и составляли *собственность рода или семьи* (курсив наш – Л.Ш.) [1, 23]. И повсюду им сопутствовал «учак» (костер, очаг) - и как проявление священного огня для всех, и как символ отдельного племени.

Понятие «очаг» как символ семьи и дома проник в славянскую и другие культуры вследствие их тесного взаимоотношения с тюркской культурой. Можно представить из всего вышеизложенного, насколько ценностно-глубоким и сакральным было содержание понятия «учак» в сознании древних тюрков.

В мифологии также есть примеры обращения к огню, как к матери – *Ут-Ана* (в тюрко-татарском мифологическом наследии *Ут-Огонь* представлен в женском облике)*,* что символизирует глубокое почтение и уважение. Так, в древности, для того, чтобы душа и намерения Огненной Матери были чисты, печь белили, приговаривая при этом:

*Ут-Ананың күпеле көр булсын!* (букв. Да будет славным настроение Огненной Матери!)*,* что позднее, в паремиях, сохранилось в виде: *Ут күпеле көр булсын!* [5, 60].

О поклонении древних тюрков огню упоминается в труде Э. Тайлора "Миф и обряд в первобытной культуре": "Туранские племена также считают огонь священной стихией. Многие тунгусские, монгольские и туркменские племена приносят ему жертву, а некоторые из них не приступают к еде, не бросив кусочка пищи в очаг" [4, 460].

Древние тюрки огнем проводили очищение, отгоняли злых духов, что явно противоречит содержанию зороастрийского ритуала [1, 56]. Этой же мысли придерживаемся и мы.

В целях очищения молодоженов заставляли прыгать через огонь-костер или обводили их горящими поленьями, чтобы изгнать "нечистый дух", "очистить" их [5, 76]. Как отмечал Тайлор, некоторые из средневековых татарских племен питали сознательное предубеждение против купания и находили, что для очищения достаточно пройти через огонь или между огней. Последним путем они очищали и весь домашний скарб, оставшийся после покойника. [4, 547].

Таким образом, анализ мифологического объема концепта «Ут» показал, что *ут* для тюрков прежде всего является *сакральной* субстанцией.

### Литература:

1.  Гумилев, Л.Н. Древние тюрки / Л.Н. Гумилев. – М., 2000.

2.  Лосев, А.Ф. Знак. Символ. Миф / А.Ф. Лосев. – М.: Мысль, 1982. – С. 182-192.

3.  Мифологический словарь / Отв. ред. Е.М. Мелетинский. – М.: «Советская энциклопедия», 1991. – 736 с.

4.  Тайлор, Э.Б. Миф и обряд в первобытной культуре (пер. с англ. Д.А.Коропчевского). / Э.Б.Тайлор. – Смоленск: «Русич», 2000. – 624 с.

5.  Татар мифлары: ияләр, ышанулар, ырымнар, фаллар, им-томнар, сынамышлар, йолалар. – Казан: Тат.кит.нэшр., 1996. – 388 б.

6.  Урманче, Ф.И. Роберт Миннуллин: шигъри осталык серләре / Ф.И.Урманче. – Казан: Мэгариф, 2005. – 335 б.

7.  Фаттах, Н.С. Сайланма эсэрлэр. 5 томда, 5 том / Н.С. Фаттах. - Казан: ТКН, 2002. – 400 б.

**Прокофьева О.С.**
кандидат филологических наук

## ЭСТЕТИЧЕСКИЕ И СТИЛИСТИЧЕСКИЕ ЧЕРТЫ СТИХОТВОРЕНИЯ ФРЭНКА О'ХАРЫ «ПОЧЕМУ Я НЕ ХУДОЖНИК»

**Prokofeva O.S.**
PhD in Philological Sciences

## AESTHETIC AND STYLISTIC FEATURES IN FRANK O'HARA'S *WHY I AM NOT A PAINTER*

Frank O'Hara (1926-1966), was among the first generation of poets of the so-called New York School. His poetry attracts attention not only as an example of peculiar 'I-do-this I-do-that' style and a certain close-to-life manner. It can also be interpreted as visually presented theory-and-practice interweaving. The poem 'Why I am not a painter' is among vivid examples of such an intimacy, playing with images – offhandedly as it seems – it largely works on revealing aesthetic principles of the poet.

Figuratively, the phrase 'why I am not a painter' refers to artistic quest which goes as far back as the beginning of the twentieth century and for which Duchamp's "Nude Descending a Staircase", shocked many when shown in 1913, could have also been as much an affirmative answer. Shifting viewpoints, constantly changing perspectives was something that clearly attracted modernist poets such as Ezra Pound, H.D., William Carlos Williams, Gertrude Stein. It couldn't but reverberated in the work of the following generations of poets. But where the heritage of Imagism demands to present an image "we are not a school of painters, but we believe that poetry should render particulars exactly and not deal in vague generalities" [6;40], new generations tend to enlarge this idea with an image-in-progress style.

The New York School poets are known for their close interest in the work of abstract painters; O'Hara worked as an assistant curator of Painting and Sculpture Exhibitions for the Museum of Modern Art in New York. Action Painting was something magnetic and new that abstractionists were developing and working on, and simultaneously it became method in-progress that poets of the New York School adopted and transformed. As with any transformation, the results arguably surpassed the premises, opening the possibility to create a meta-poetic, self-referential text.

Why I am Not a Painter
I am not a painter, I am a poet.
Why? I think I would rather be

a painter, but I am not. Well,
for instance, Mike Goldberg
is starting a painting. I drop in.
'Sit down and have a drink' he
says. I drink; we drink. I look
up. 'You have SARDINES in it.'
'Yes, it needed something there.'
'Oh.' I go and the days go by
and I drop in again. The painting
is going on, and I go, and the days
go by. I drop in. The painting is
finished. 'Where's SARDINES?'
All that's left is just
letters, 'It was too much,' Mike says.

But me? One day I am thinking of
a color: orange. I write a line
about orange. Pretty soon it is a
whole page of words, not lines.
Then another page. There should be
so much more, not of orange, of
words, of how terrible orange is
and life. Days go by. It is even in
prose, I am a real poet. My poem
is finished and I haven't mentioned
orange yet. It's twelve poems, I call
it ORANGES. And one day in a gallery
I see Mike's painting, called SARDINES. [3;553]

The poem teases its readers with the provoking question in the fist lines
and seemingly presents an opposition between poetry and painting. However,
it's much more about their integration and interconnection. The second stanza
gives the first proof to that when personal pronoun '*I*' changes to '*we*': I drink;
we drink. Notable usage of semicolon here points not only to the significance of
the situation itself (having a drink), but to this change of the pronouns.

The two stanzas about the painter and the poet reflect each other in many
respects. Both depict the process of creation, to begin with. Each artist has a
"starting" object – sardines and orange and they both end up leaving this object
out of the explicit presentation. Sardines are considerably reduced because "It
was too much," and orange is not mentioned. The starting objects transform into
an aesthetically different new form. In Michael Goldberg's painting it obtains a
form of a word (though mostly erased from the canvas by the time the painting
had been finished, but *SARDINES* still being the title of the painting), in

O'Hara's work it's only one word – the title, as well. O'Hara's images constantly change in their nature, as Hazel Smith points out "everything differs from itself and this is always an ongoing process. Ways of being and modes of writing are constantly deconstructing themselves and sliding into their opposites, as they swing athletically between the poles of difference and identity". [5;9] In the painting such a change lets the object symbolize the real thing and, at the same time, being painted on the canvass, it becomes a structural part of the picture. The word itself transforms into an object and creates a literal referential link to what it has replaced. Metonymy is equally vital for the poet as well: the word *oranges* is incorporated with the 12 poems being the title of the book where oranges are not mentioned. Both stanzas only use present continuous about the process of creation: "Mike Goldberg is starting a painting", "The painting is going on", "One day I am thinking of a color" emphasizing an ongoing action, while all other lines mainly use present simple, which gives a sense of a true happening event and simultaneously presents a story.

Peculiar in this respect is the only one past simple line: "Yes, it needed something there." It can be interpreted as the painter's – Mike Goldberg's – explanation about his particular work, but metaphorically it points out to the changes in poetry and painting, to artistic quest of the previous generations, starting with the Imagist search of poetical technique and form of how rather *depict* than *tell* in words. It's hard to leave unnoticed antecedents' sway: "Duchamp, who remained in New York, exerted a counter-influence, in which every statement implied a meaning different from what was said, every appearance concealed a different reality". [1;18] Interconnection of painting and poetry, extension of metonymic technique: where of sardines "All that's left is just letters", when a poet starting a new poem thinks of a color. Then O'Hara's poem swings forth in time with present simple lines, but, unlike many his poems, this one presents repetitive sequence of days (even lines' repetition): "I go and the days go by"- possible indication to the 'present' days of fifties.

The second – poet – stanza tells not only about O'Hara's 12 poems, but rather of his and the New York School poets' views and principles to writing. His poem should be "not of orange, of words" – possibly denoting the starting subject, but, instead, – "of how terrible orange is and life" – depicting how this starting subject affects the poet and thus through this influence the starting subject again finds its representation (via circular process) in reflected view. Soon he has more words than lines and the poet criterion is prose: "It is even in prose, I am a real poet." It closely correlates with O'Hara's manifesto, "Personism," where he says: "I don't even like rhythm, assonance all that stuff. You just go on your nerve. If someone's chasing you down the street with a knife you just run, you don't turn around and shout, 'Give it up! I was a track star for Mineola Prep". [2]

Humorous and ironical tone of the statement is also a part of O'Hara's poems. "The note of comic pathos, of humor laced with tough common sense, and especially of complex verbal play, that is O'Hara's legacy to poetry." [4; xxi] Witty play of words kicks off the game. We are given to understand that the starting subject of the poet is color – orange. Then it gradually transforms into "orange is" with tempting phonetic interpretation, which sounds almost like in Stein's verbal portrait of Picasso [7;190-193] "he, he, he, and he, and he, and he, *as* he" – slight changing of the angle of view leads to radical transformations. "Orange is" transforms into "oranges": the color transforms into a real object, multiplied. Distinctive as well, these two – *ORANGES* and *SARDINES* – present not only implicative referential techniques of painting and poetry, but also the union of these arts. The word sardines has, besides its obvious extra connotation of a crowded place, the meaning of a children's game, where one person hides and each successive person who finds the hidden one packs into the same space (here again it reminds of Duchamp's principles of playing in art). Thus the second stanza asserts the union of the two – painting and poetry – placing the titles of the book and the picture together and letting the play of words interconnect them.

Artistic technique becomes mutual for visual and verbal art. Abstract expressionists were exploring the ways of how a structure can arise out of a combination of strong colors, their mingling and division. In the poem O'Hara substitutes non-static form for such a game of colors by making isolation between a representational reference of a real object and a compositional space. Twice it is said "I drop in" to Mike Goldberg's studio, the poet lets us actually see the changes in the process of creation, how the painting becomes what it is. Interestingly, the painter doesn't *drop in* to the poet's, save that the painter is mentioned in the poem, so the poem, while telling a story of the painting, becomes referential. The second stanza "But me?" in its turn, tells a story of creation of the 12 poems called Oranges, which is a real book just as the painting is. Meta-poetic nature of the poem allows it to be closely incorporated with the two forms of art – visual and verbal – while being itself one of them.

O'Hara's charged language cunningly leads the reader in one direction at first and then radically changes the routes. The title suggests contrast between the two art forms, but it turns out the opposite; painted object turns out into letters; real poet – writes prose. Even the structure of the stanzas presents this swinging motion. It can be a perspective interpretation of art development, and at the same time, having in "the painter" stanza the real name of O'Hara's friend and contemporary it alludes to two parallel ongoing creative processes – of paining and of writing. They don't seem to be opposed (as the title may suggest), rather intertwined on the basis of creativity. And thus O'Hara again ironically invites the reader to participate in the construction of the poem, having succeeded in showing a multi-dimensional meta-poetic image in one verbal form.

## References

1. Diggory, Terence. Encyclopedia of the New York School Poets. Facts on File, Inc Infobase Publishing, 2009.
2. O'Hara, Frank. Personism: A Manifesto. Available online. URL: http://www.poetspath.com/transmissions/messages/ohara.html
3. O'Hara, Frank. The Collected Poems of Frank O'Hara. (ed. Donald Allen). Knopf, New York, 1979.
4. Perloff, Marjorie. Frank O'Hara. Poet Among Painters. University of Chicago Press, Chicago, 1998.
5. Smith, Hazel. Hyperscapes in the Poetry of Frank O'Hara. Liverpool University Pres, 2000.
6. Some Imagists (ed. Amy Lowell) // An Imagist at War: The Complete War Poems of Richard Aldington (with an introduction by Michael Copp), Rosemont Publishing, 2002.
7. Stein, Gertrude. If I told him A completed portrait of Picasso // Stein, Gertrude. Selections (ed. John Retallack) California Press, 2008.

**Мухаметзянова Л.Р.**
кандидат филол. наук, КФУ

## ОБЪЕКТИВАЦИЯ КОНЦЕПТА «ЖИЗНЬ» В ТАТАРСКИХ ПАРЕМИЯХ, СОДЕРЖАЩИХ КОМПОНЕНТ «ДӨНЬЯ»

Существует множество фразеологических выражений с компонентом «дөнья», которые имеют весьма четкую связь с концептом «Жизнь» в татарской языковой картине мира: *дөнья уздырып тору* (букв. проводить жизнь); *дөньяны карау (хуҗалык алып бару* – вести хозяйство); *дөнья тоту (хуҗалык тоту, гаилә асрау* – вести хозяйство, содержать семью); *дөнья белән ваклану (вакчылланып тормыш итү* – букв. жить мелочно); *дөнья рәтен белү/белмәү (тормыш һәм замана барышын белү/белмәү* – знать/не знать толк в жизни); *дөнья тату (тормышның рәхәте-михнәте белән танышкан булу* – букв. знать горести и радости жизни); *дөнья кирәге (тормыш кирәк-ярагы* – букв. все, что нужно для жизни); *дөнья малы (тормыш итү өчен кешенең хәҗәтенә тотыла торган мал-туар* – букв. все материальное, что нужно для жизни); *дөнья рәхәте, яме (дөньяда торуның кызыгы* – букв. все хорошее, что есть в жизни). Исходя из этих фразеологизмов, можно сказать, что в лексеме «дөнья» нашли отражение такие стороны концепта «Жизнь», как быт, повседневность, материальная составляющая жизни, а также аспект оценки бытия, его положительные и отрицательные качества.

В языковой картине мира татар *дөнья-жизнь* обладает свойствами воды, жидкости: Подтверждение этому положению мы находим в следующих пословицах: *дөнья – дәрья* (букв. жизнь – большая вода); *дөнья – давыл тоткан дәрья, айкый да чайкый* (букв. жизнь – это большая вода в штормовой день, бросает туда-сюда); *дөнья – диңгез, гәүдәң – көймә, күңел – җилкән, фикер – томан, компас урынына акылыңны куллан!* (букв. жизнь – море, тело твое – лодка, душа твоя – парус, мысль – туман, используй ум в вместо компаса!)

В татарских пословицах *дөнья-жизнь* также представляется в образе круга (в отличие от русских, где жизнь – это скорее плоскость с белыми и черными полосами). В них фиксируется вращение этого круга бытия: *дөнья – тәгәрмәч* (букв. жизнь – колесо); *дөнья – күләсә, әйләнә дә бер баса* (букв. жизнь – колесо, вращается и давит.) Геометрическая фигура круг вызывает в сознании татарского народа положительные ассоциации. Если у человека жизнь «круглая», это говорит о том, что у него все хорошо в жизни, есть семья, в доме – достаток.

Сравнение *дөнья – йорт* (мир – дом), часто встречаемое в татарских пословицах (*дөнья – мәшәкать йорты, дөнья – гыйбрәт йорты, дөнья йорты килем-китемле*) перекликается с такими паремиологическими единицами, как *дөнья тоткасы (терәге)* (держатель, опора жизни), *дөнья җимерелү* (букв. разрушение жизни), *дөнья безгә генә терәлмәгән* (букв. жизнь не опирается на нас), *дөнья нуҗага корылган* (букв. жизнь сооружена на нужде), что свидетельствует о представлении жизни в виде некоего сооружения, здания *(корылма)*, человека, на котором держится хозяйство, или который зарабатывает деньги на жизненные нужды, татары сравнивают с опорными элементами этого здания.

В качестве жизненного пространства *дөнья-жизнь* ограничен бытовой сферой нашего каждодневного существования. Если взглянуть на внутреннюю форму устоявшегося и оригинального выражения *дөнья көтү*, которое, очевидно зародилось у татар, проживавших в деревне, то оно буквально будет означать «пасти мир» по аналогии с «пасти стадо». В нашем случае «мир» справедливо будет заменить на «жизнь», т.е. как и работа пастуха, человеческая жизнь – это тяжелый труд, каждодневный, рутинный, требующий постоянного внимания, где-то грязный и неблагородный, который может навалиться на человека и тогда говорят: *дөнья басты* – букв. жизнь накрыла. Не случайно у татар есть пословица: *бу дөньяда hәркем – көтүче* – букв. в этой жизни каждый из нас – пастух, в том смысле, что его «стадо» – это его семья, хозяйство, обязанности.

В татарском языке широко распространено выражение *дөнья мәшәкате* (жизненные, бытовые хлопоты). Эти мелкие бытовые хлопоты сравниваются татарами с болотом, трясиной, в которой легко можно увязнуть. Убегать от забот и трудностей – *дөньядан качу* в татарской пословичной картине мира признается бесполезным и ненужным: *дөньяны кусаң качар, качсаң куар* (букв. будешь гнаться за богатством, оно от тебя убежит, будешь убегать от трудностей, они тебя настигнут.)

Наряду с устойчивыми выражениями *дөнья сагышы, дөнья зары, дөнья кайгысы*, означающими нелучшую сторону жизни, существуют также не менее распространенные *дөнья рәхәте, дөнья яме, дөнья күрке* (радость, красота жизни): *Дөнья күрке сөйгән яр белән (посл.)* (радость жизни в любимом человеке.) Дуализм и динамичность жизни делают ее непредсказуемой, сегодня у человека жизнь не ладится, но завтра все может измениться в лучшую сторону, и никогда не знаешь, какой стороной повернется к тебе жизнь. Это подробно прописано в пословицах: *дөнья ике яклы: иләк ягы бар, күн ягы бар* (букв. жизнь имеет две стороны: одна сторона – решето, другая – кожа (по аналогии с древней монетой)*; дөнья бер алдын, бер артын күрсәтә* (букв. жизнь поворачивается к человеку то передом, то задом)*; дөнья ике хатынлы кеше кебек: берсен ризалатса, икенчесе үпкәли* (букв. жизнь похожа на человека с двумя женами: если одной уделять внимание, то вторая обижается)*; дөнья бер көлдерсә, биш елата* (букв.: жизнь один раз заставляет смеяться, пять раз плакать).

Выражения *дөнья җае, дөнья рәте, дөнья көе* говорят о том, что жизнь – это не хаос, она должна обладать порядком, определенным мотивом, ладом, которые во многом зависят от наличия семьи: *бу дөньяның көе бар, кырык төрле чөе бар (посл.)* (букв. у жизни есть свой мотив, сорок разных клиньев); *өйләнмәгән уйсыз булыр, дөньясы көйсез булыр (посл)* (букв. кто не женился, тот не умен и жизнь у него не ладная). В то же время *дөнья-жизнь* никогда не стоит на месте, всегда в движении, от нее можно ожидать любых новостей, даже самых невероятных: *дөнья фани, казан кебек кайный (посл.)* (букв. бренный мир кипит как казан); *дөньяда һәрбер эш мөмкин (посл.)* (букв. в жизни все возможно.)

Тем не менее, не все пословицы представляют *дөнья–жизнь* в черном свете. В ряде пословиц можно встретить оптимистические идеи о том, что в жизни всегда найдется выход даже из самой безвыходной ситуации. Человек не должен зацикливаться только на проблемах, напротив, должен сам скрашивать жизнь своим отношением и умением жить: *дөнья дүрт капкалы: өч капкасын япсалар да, берсе ачык кала* (букв. у жизни четверо ворот: если даже три из них закрыты, одни всегда остаются открытыми); *дөнья төбе думбыра* (букв. дно мира – домбра; в том смысле, что пока живешь, успей сыграть свою песню); *дөнья ике килмәс, бер килгәндә артына тибеп кал* (букв. жизнь дважды не приходит.)

Согласно Фразеологическому словарю татарского языка Н.Исанбета [1], *дөнья иманы* – деньги; *дөнья малы* – материальные блага; *дөнья җыю, дөнья куу, дөнья кыйрату, дөнья артыннан йөрү (чабу), дөнья арттыру* – накапливать богатство, гнаться за богатством; *дөнья төгәлләнү, дөнья түгәрәк булу, дөньясы киң (иркен) булу, дөньясы бай (бөтен) булу* – не испытывать нужду, жить в достатке. Нет сомнения, что слово «дөнья» непосредственно является одним из репрезентаторов концепта «Материальное богатство» в татарском языке. Образные выражения «*дөнья куу*» (букв. гнать жизнь) и «*дөньядан артыннан чабу*» (букв. бегать за жизнью) означают стремление разбогатеть, нажиться и в качестве поведения резко осуждаются в пословицах: *дөньяны куган – иманын җуйган* (букв. тот, кто гонится за богатством, теряет веру в бога); *дөнья кусаң качар, качсаң куар* (букв. если будешь гнаться за деньгами, они от тебя убегут, а если будешь убегать от трудностей, они тебя настигнут); *дөньяны куган дөнья колы булыр* (букв. тот, кто гонится за деньгами, будет рабом денег).

Через пословицы констатирующего характера народ высказывает свое отношение и к материальным благам, богатству, необходимому для жизнедеятельности, сравнивая его с соленой водой, которая порождает все большую жажду: *дөнья малы тозлы су: эчкән саен эчәсене китерә;* с кровью свиньи, признанной в исламе грязным и запрещеным для употребления в пищу животным: *дөнья малы – дуңгыз каны, безгә газиз баш кыйммәт.*

В исследуемом значении слово «дөнья» обнаруживает сочетаемость с такими языковыми дефинициями, как *киң* (широкий) и *тар* (узкий, тесный). Будучи интерпретированы как богатая и бедная жизнь, эти словосочетания связаны также с социальным положением человека и находятся во взаимосвязи с его душевным состоянием. Вот что об этом говорят пословицы: *күңеле киңнең дөньясы киң* (букв. у человека с широкой душой и жизнь широка); *киңгә - киң дөнья, тарга – тар дөнья* (букв. для широкой души – жизнь широка, для узкой души – жизнь узка); *һөнәрсезгә дөнья тар* (букв. для человека без ремесла жизнь кажется тесной); *итегең тар булса – дөнья киңлегеннән ни файда, хатының яман булса – йортың тынычлыгыннан ни файда* (букв. если обувь тесная, то какая польза от широты мира, если жена злая, то какая польза от спокойствия в доме). Несмотря на то, что широта мира зависит от широты души, обратная зависимость в пословицах не приветствуется: *дөньясы тар булса да, күңелең киң булсын* (букв. если даже мир тесен, душа пусть остается широкой); *дөньясы тар булса булсын, күкрәге тар булмасын* (букв. пусть жизнь будет тесна, главное, чтобы душа была широкой).

Татарские пословицы говорят о том, что жизнь – наставник, постоянно преподносящий уроки живущим: *кешене кеше өйрәтсә, бер кешене өйрәтергә кырык кеше кирәк булыр иде, - дөнья үзе өйрәтә* (букв. если бы человека учил человек, для обучения одного понадобилось бы сорок человек, уроки дает мир); *кешене хәлфә өйрәтә, хәлфәдән бигрәк дөнья өйрәтә* (букв. человека учит наставник, еще больше – мир); *дөнья – йозак, ачкычы – белем* (букв. жизнь – замок, а ключ к нему – знания.)

Таким образом, концепт «Жизнь» в татарской картине мира обладает признаками воды, круга, пространственного строения. В татарском сознании при метафорическом моделировании жизни работают три репрезентативные системы: *дөнья күргән* (визуальная доминанта), *дөнья татыган* (обанятельная доминанта), *дөньяның эссесен-суыгын күрү* (кинестетическая доминанта). В понятийном аспекте, в слове «дөнья» главным образом отражается компонент «быт» концепта «Жизнь». Данное слово в татарской языковой картине мира устойчиво связывается не с абстрактной жизнью всего сущего, а с повседневным, будничным существованием человека, с диалектикой обыденной жизни, с ее хлопотами, трудностями, непостоянностью, нестабильностью. «Дөнья» для носителя татарского языкового сознания в границах концепта – это в первую очередь сфера каждодневного существования человека, где есть место радостям и горестям; она изменчива и ненадежна, в ней важное место занимают семья, хозяйство и деньги. Такой мир в человеческом измерении имеет и важное гносеологическое наполнение, являясь источником познания.

## Литература

1. Исәнбәт, Н.С. Татар теленең фразеологик сүзлеге: 2 томда. – Т. II / Н.С.Исәнбәт. – Казан: Тат. кит. нәшр., 1990.- 365 б.

2. Сафиуллина, Ф.С. Татарча-русча фразеологик сүзлек / Ф.С.Сафиуллина. – Казан: Мәгариф, 2001. – 335 б.

**Волков М.П.**

доцент, доктор философских наук, заведующий кафедрой философии
Ульяновского государственного технического университета

## ГЕНЕЗИС АНТИЧНОЙ НАУКИ В КОНТЕКСТЕ
## СОЦИОКУЛЬТУРНОЙ ПАРАДИГМЫ

Возрастание роли науки в жизни общества, связанное с ее институционализацией и установлением связей с уже существующими социальными институтами – в первую очередь с государством, порождает устойчивую традицию исследований науки.

Современная социокультурная парадигма ориентирует на выявление тонких связей науки с глубинными основаниями культуры, с неосознаваемыми представлениями, вырастающими из образа жизни людей. Так, разработанная в русле социокультурной парадигмы «ландшафтная» концепция Г. Гачева увязывает особенности физики Ньютона с физико-географическими параметрами Англии – ее островным положением.

Разработка проблемы социокультурной детерминации развития науки отводит некогнитивным факторам роль не дополнительных, но именно сущностных детерминант научного мышления. Тем самым речь идет о такой социологии науки, которая «оказывается не социологическим анализом нейтрального к этому анализу объекта, а анализом данного объекта как в принципе социологической сущности» [2,9], причем эта сущность явлена в равной мере как социальной, так и культурной ее ипостасями. Культура уже на стадии неинституциональных форм ее бытия, испытывая формирующее воздействие со стороны социальных структур, оказывала мощное влияние на социум, становясь фактором цивилизационного развития.

Социокультурная парадигма постижения природы и динамики науки имея своей интенцией отыскание интимных связей между наукой и социокультурными факторами, исходит из того, что они «вовлекаются в саму ткань научного исследования, … в той или иной форме включаются в процесс формирования научных теорий, что невозможно провести сколько-нибудь определенную границу между научным знанием и социокультурным окружением...» [3,5].

Социокультурная детерминация научного познания с особой силой проявляет себя на этапе генезиса науки в силу синкретизма культуры, невычлененности собственно научных проблем из структуры мышления [1].

Возникновение феномена науки как специфической формы мыследеятельности предстает естественным итогом взаимодействия таких детерминант, как:

1. *Логика эволюции культуры*, которая, развиваясь от локального типа программ, норм, эталонов деятельности, поведения и коммуникации к универсальным вырабатывает способы обоснования и механизмы их усвоения. Эта внутренняя работа культуры разворачивается в духовном пространстве, задаваемом историческими формами мировоззрения. Так, в пространстве магии формируются предельно локальные нормы (ценности) культуры, способом их обоснования выступает обращение к авторитету духов, а механизм их усвоения представлен страхом. В пространстве мифа закладываются нормы более универсального характера, способом их обоснования, придания им статуса легитимных является обращение к авторитету богов, а механизм их усвоения включает в себя страх и стыд. В горизонте религии единобожия формируются и принимают кодифицированный вид культурные программы близкие к универсальным, их обоснование осуществляется ссылкой на авторитет Бога, механизм усвоения базируются на страхе, стыде и вине. Культурные программы, закладываемые в пространстве философии, носят универсальный характер (обращены ко всему человечеству), они обосновываются авторитетом Космоса, мироздания, механизм их усвоения имеет не психологический характер: он представлен Логосом, Нусом, Законом. Наконец, в горизонте науки как формы мировоззрения формируются также универсальные программы, нормы культуры, обосновываемые такой инстанцией, как природа, а механизм из усвоения представлен ratio с его имперсональной логикой, аргументами, фактами, экспериментом.

2. *Уникальный комплекс социокультурных факторов*, сложившийся в античной Греции и толкающий мысль на путь освобождения от религиозно-мифологического способа познания со свойственными ему канонизацией имеющихся приемов и процедур, обожествлением традиции, некритическим отношением к наличным формам знания и организации опыта. Этот комплекс имеет своим глубинным основанием рациональный характер культуры. Рациональная культура складывается в обществе, в котором предпосылки присвоения природы посредством процесса труда воспринимаются не как изначально данные ею (природой) или созданные божественным установлением, а как постоянно возобновляемые самим человеком, опирающимся на свой разум и потому доверяющим ему быть судьей в вопросах установления истины.

Рациональность культуры – это безусловное доверие разуму, доходящее до признания за ним права трезво судить о делах человеческих и божественных; это логико-понятийная манера познания, для которой единичные вещи выступают экземплярами вида, отнесенность к которому осуществляется посредством обнаружения у них четко заданных признаков; это своеобразное «обольщение» разумом – состояние, наблюдаемое у Сократа, очарованного самим процессом конструирования идеальных миров; это убеждение в открытости мира познанию до своих последних оснований; это ориентация на принципиальное неприятие в познании тайного, эзотерического, магического элемента – античный герметизм, существуя в культуре в разных вариантах (пифагорейский союз, орфики), соотносится не с ее «ядром», а с «периферией», и появление его развитых форм есть продукт эпохи кризиса древнегреческой культуры; это и использование техники последовательного и исчерпывающего выведения содержания из понятий в ходе политических баталий и юридических разбирательств; это и искусство логики как методически правильного рассуждения, без которого не представима история последующей мысли; это и отсутствие развитой эмоционально-чувственной компоненты в поэзии и разворачивание литературного сюжета через обращение к характерам как форме явленности инвариантного в человеке.

Сложившийся на основании рациональной культуры комплекс включает в себя развитый индивидуализм, вырастающий из преимущественно торгово-ремесленного уклада хозяйственной деятельности, формирующего энергичных и предприимчивых людей, способных просчитывать последствия своих действий и не боящихся отбросить традиции, если они мешают их планам; рационализированный миф, обеспечивающий возможность набросить на все мироздание сетку бинарных определений и тем самым систематизировать наличные знания; слабость религии, не способной, как это случилось на Востоке, подчинить себе мысль, заставить ее вращаться в кругу религиозных тем и образов; развитое искусство, внедряющее в сознание мыслящего сообщества идею гармонии мира и ориентирующее мысль на отыскание точных математических значений, которым должны отвечать идеальные фигура человека, колонна храма, весь храм как целое; развитая философия, продемонстрировавшая возможность планомерно развертывать представление о разных типах объектов, в том числе радикально порывающих со здравым смыслом, и процедурах их мысленного освоения; демократическая форма организации политической жизни, породившая диалог как естественный способ коммуникации и вызвавшая повышенный интерес к «мускульной атлетике слова» (С. Аверинцев) — точности формулировок, обнаружению противоречий, последовательному выведению следствий из принимаемого основания и т. п.

3. Наличие на границах греческой ойкумены варварского мира, от которого исходят Вызовы, требующие поиска Ответов. С этими Вызовами греческая цивилизация сталкивается, встречаясь с варварским миром в открытых военных столкновениях и в ходе этно-культурных контактов в процессе колонизации новых территорий. В обоих случаях для греческого мира речь идет об опасности утраты своей культурной идентичности, причем опасность во втором случае более страшна, так как не несет непосредственной угрозы и не требует постоянной этно-культурной

дисциплины.

Колонии были тем местом, где история «ставила» опыты взаимодействия и смешения народов — в данном случае греческих народностей с негреческими. Обосновывающиеся на новых местах греческие колонисты сталкивались с необходимостью решения сложной двуединой проблемы: с одной стороны, наладить контакт с другими народами — носителями иных цивилизационных принципов и культурных ценностей, с другой, сохранить собственную идентичность. Основанием налаживания диалога не могли быть мифы или религии вступающих в контакт народов: слишком несхожими были античный рационализированный миф и античная религия с культом олимпийских богов, олицетворяющих собой порядок, форму, разумное начало природы и мифы и религии народов варварского мира — с их исполинским, несоразмерным человеку масштабом богов, олицетворяющих собой буйство, неистовство, постоянный порыв стихийных сил природы.

Вставшая перед необходимостью отыскания Ответов на Вызовы времени «творческое меньшинство» решает проблемы, создав новую форму мыследеятельности, обеспечивающую отличный от мифа и религии способ обоснования ценностей культуры и стратегий жизнедеятельности — философию. Она возникает не в метрополии, а в колониях и здесь же дает поразительно мощные ростки в учениях представителей милетской школы, Гераклита, Эмпедокла, Пифагора, Анаксагора и др.

Однако, и философия, принимая во внимание принципиально не философский характер культуры варварского мира не могла быть единым основанием согласования ценностей и программ жизнедеятельности человека. И античная культура создает новую форму мировоззрения — науку, обеспечивающую возможность обоснования и состыковки норм, ценностей культуры и социальных проектов, принадлежащих разным цивилизационным типам.

Таким образом, именно признание социокультурной детерминации генезиса и динамики науки позволяет создать объемную картину ее становления и развития.

## Литература

1.    Волков М.П. Античная наука как явление социокультурного ряда. Проблема генезиса. Ульяновск, Изд-во УлГТУ, 2008. 134 с.

2.    Границы науки: о возможности альтернативных моделей познания. Научно-аналитический обзор. М., ИНИОН АН СССР, 1991. 47 с.

3.    Мамчур Е.А. Проблемы социокультурной детерминации научного знания. М., Наука, 1987. 127 с.

**Кулаков А.А., Кулакова С.А.***

канд.биол.наук, доцент, КНИТУ_КАИ им. А.Н. Туполева
*ассистент, Приволжский федеральный университет, г. Казань
alekulakov@yandex.ru

## О ВОЗМОЖНОСТИ ИСПОЛЬЗОВАНИЯ СКАНЕРОВ В ХИМИЧЕСКОМ И БИОХИМИЧЕСКОМ АНАЛИЗЕ

Одной из основных задач фотометрического анализа в химии и биологии является определение содержание веществ в образцах. Обычно для этого используют спектрофотометры. Однако в последнее время для такого анализа стали применять спектрофотометры диффузного отражения, цифровые фотоаппараты и сканеры [1;2]. Последние два типа портативны и могут использоваться в полевых условиях. Получение точных фотометрических данных с помощью этих приборов – ответственный и нетривиальный процесс [1], но можно с успехом применять эти приборы при скрининге с достаточно высокой точностью, что и описывается в настоящей статье (см. также [3]).

### Материалы и методы.

В качестве объекта исследования использовались листы фильтровальной бумаги с нанесенными красителями: легкосмываемым красным, малахитовым зеленым, а также пропитанные 1% - м спиртовым раствором диметилглиоксима, а потом нанесенным раствором никеля. Растворы наносились шприцом Гамильтона в количестве 3-50 мкл. Типичное изображение листа бумаги с нанесенными пятнами показано на рис. 1

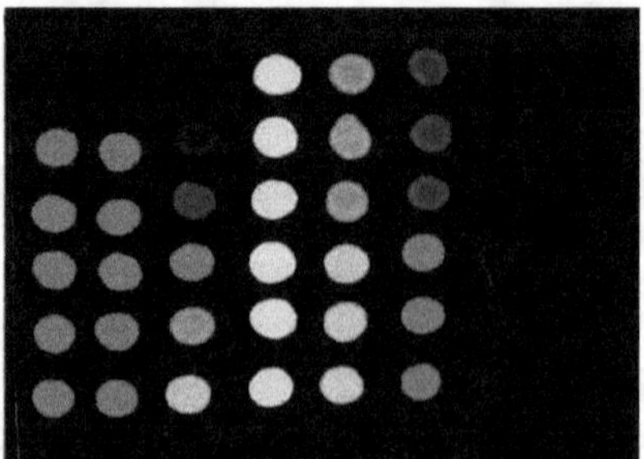

Рис. 1. Вид листа с нанесенными пятнами в инвертированном цвете.

Затем листы высушивались и сканировались на многофункциональном сканере Epson Stylus CX3900. Полученные цифровые изображения обрабатывались по созданной авторами программе «Blot-1» на основе программы Borland ImageProcessForm. Программа позволяет в полуавтоматическом режиме определять интегральную интенсивность окраски пятна $A$ по формуле:

$$A = \sum_{i=1}^{n} a_i \qquad (1)$$

где $a_i$ – интенсивность окраски $i$-ого пикселя, $n$- число окрашенных пикселей в пятне (изображения анализировались в формате BMP и JPEG). На изображении наводится курсор на середину пятна, после нажатия кнопки мыши происходит анализ пятна, интегральная интенсивность окраски пятна и число окрашенных пикселей записываются в файл. Дальнейшие вычисления производили с помощью программы Excel.

### Результаты и обсуждение

Рис. 2 иллюстрирует возможности сканера по определению зависимости окраски пятна от его размеров. Окрашенная бумага разрезалась на части разного размера, каждая часть взвешивалась, а потом определялась интегральная окраска. Поскольку бумага одинаковой толщины, то вес, пропорциональный объему, пропорционален в данном случае площади. Было обнаружено, что зависимость между площадью окрашенного листа и интенсивностью окраски линейна. На рис. 2 данные приведены в логарифмическом масштабе, и также видно, что эта линейная зависимость между площадью и интегральной величиной окраски сохраняется в пределах 5 порядков. Таким образом, продемонстрировано, что с помощью сканера можно проводить количественные измерения

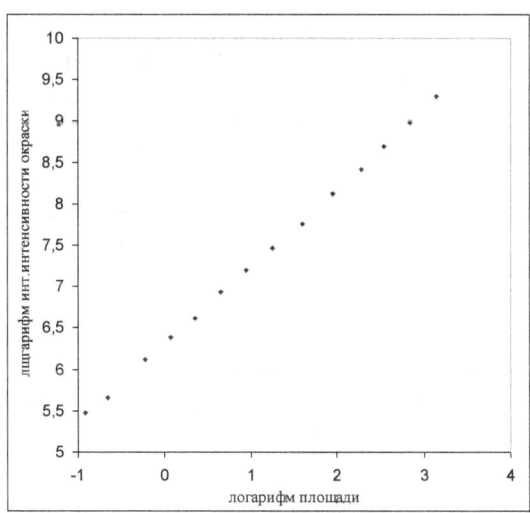

Рис.2 Зависимость логарифма интегральной интенсивности окраски пятен от логарифма площади пятен.

Вышеприведенные данные касаются случая, когда все объекты имели одинаковую окраску. В действительности, пятна могут иметь окраску различной интенсивности. Например, если взять фильтровальную бумагу и нанести на нее различные количества раствора краски, то на бумаге появятся пятна различной площади и степени окраски. На рис. 3 изображена зависимость интенсивности окраски пятен от количества нанесенного раствора малахитового зеленого, красителя, который сорбируется целлюлозой. В результате размеры окрашенных пятен обычно бывают меньше, чем размеры пятен жидкости.

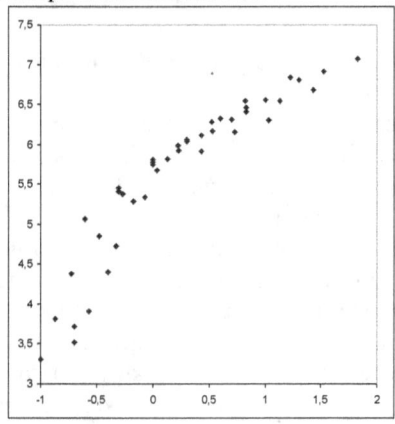

Рис. 3 Зависимость логарифма интегральной интенсивности окраски пятен от логарифма количества красителя малахитового зеленого.

Как видно из рисунка, эта зависимость имеет нелинейный вид, в отличие от рис. 2. Также выявляется большой разброс данных, связанный с тем, что краситель малахитовый зеленый адсорбируется целлюлозой, в результате чего одинаковое количество красителя, нанесенное различными объемами раствора, имеет разную площадь пятна и разную интегральную интенсивность (на рисунке каждая точка отражает результат одиночного измерения ).

В отличие от этого, аналогичная зависимость для слабо связывающегося красителя легкосмываемого красного имеет гораздо меньший разброс (что иллюстрирует рис. 4), несмотря на то, что в этом опыте мы также варьировали как объем, так и концентрацию раствора, наносимого на бумагу. Исходя из данных, представленных на последних рисунках, в дальнейшем мы наносили одинаковый объем раствора красителя, чтобы уменьшить разброс данных.

На рисунке 5 изображена подобная вышеприведенным зависимость, где окраска появлялась уже в результате взаимодействия диметилглиоксима, которым была пропитана бумага, с ионами никеля,

Химические науки

который в виде раствора наносили на эту бумагу. После этого бумага сканировалась с двух сторон, чтобы выяснить, имеет ли значение диффузия веществ с одной стороны на другую. Действительно, оказалось, что интенсивности пятен с разных сторон не совпадают друг с другом, особенно в области низких количеств никеля (Ряд 1 – сумма окрасок, ряд 2 – окраска с обратной стороны, ряд 3 – окраска с лицевой стороны).

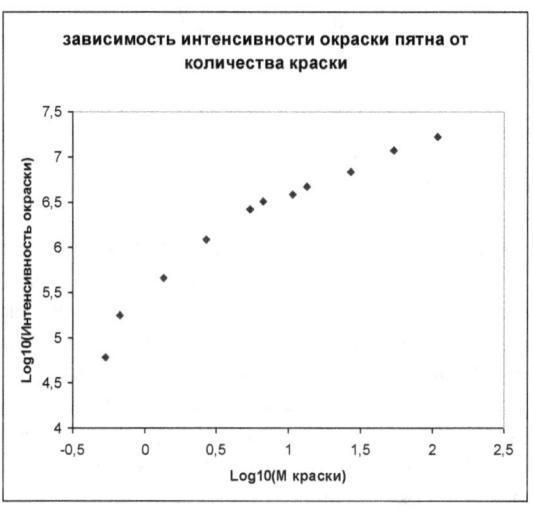

Рис. 4.Зависимость логарифма интегральной интенсивности пятна легкосмываемого красного от логарифма количества краски.

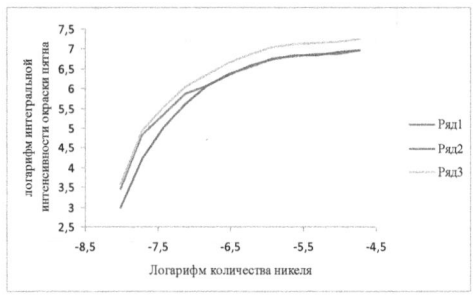

Рис. 5. Зависимость логарифма интегральной интенсивности пятна комплекса диметилглиоксим-никель от логарифма количества никеля.

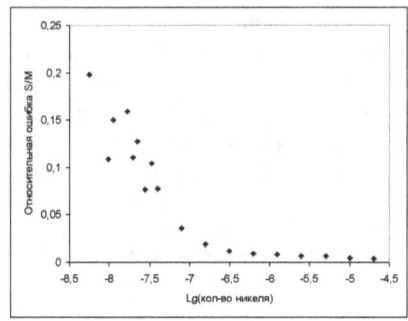

Рис.6  Зависимость относительной ошибки измерения интегральной интенсивности окраски от количества никеля в пятне.

Исходя из данных рис. 5, мы пришли к выводу,  что более точным отражением интегральной интенсивности окраски пятен является сумма окраски с двух сторон. На рис 6 изображена зависимость относительной ошибки определения интенсивности окраски от количества ионов никеля из данных на Рис. 5 (для обеих сторон бумаги). Видно, что с увеличением количества никеля (следовательно, величины окраски) уменьшается относительная ошибка измерения, и в целом она составляет величину 4-7%, что является обычной величиной ошибки для спектрофотометрических измерений концентрации.

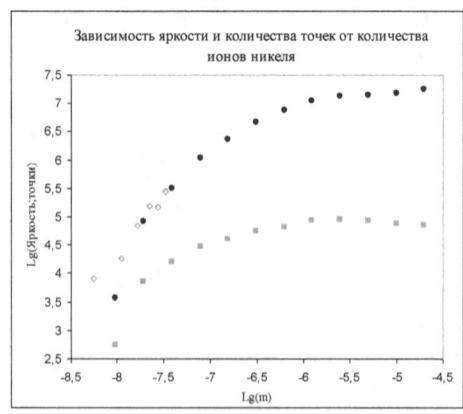

Рис. 7 Размещение опытных данных на калибровочной кривой зависимости интенсивности окраски и числа точек в пятне от количества никеля.

Построив калибровочную кривую, можно использовать ее для определения неизвестной концентрации вещества не только в диапазоне калибровочной кривой, но и для концентраций ниже градуировочных. На рис. 7 изображена уже известная зависимость интенсивности окраски от количества никеля (данные показаны заполненными точками, верхняя кривая). Здесь же изображены точки эксперимента, когда пятна образовывались путем нанесения на бумагу образца несколько раз на одно место, т.е. осуществлялся режим накопления. Как видно, эти точки (показаны незаполненными ромбиками) вполне укладываются на градуировочную кривую, кроме самых низких значений интенсивностей, что вполне согласуется с увеличением относительной ошибки.

Исходя из вышесказанного, можно сделать вывод о том, что указанный способ определения количества (концентрации) веществ вполне аналогичен спектрофотометрическому определению, и имеет не худшую ошибку определения. В качестве следующего этапа рассмотрим факторы, влияющие на ошибку измерения.

1. Точность определения интегральной интенсивности окраски программой Blot-1. Поскольку программа Blot-1 определяет размеры пятна перед тем, как вычислить интенсивность интегральной окраски, то этот момент может вносить неточность в определение. В таблице 1 показано, как влияет количество нанесенного никеля (в виде иона) на бумагу и относительной ошибки измерения.

Таблица 1

| Количество никеля, г | Относительная ошибка интенсивности окраски | Относительная ошибка числа точек пятна |
|---|---|---|
| 8,230E-08 | 0,499433 | 1,748015 |
| 2,469E-07 | 0,003844 | 0,003801 |
| 7,407E-07 | 2,2E-05 | 2,73E-05 |
| 2,222E-06 | 7,94E-06 | 1,52E-05 |
| 6,666E-06 | 5,17E-06 | 7,65E-06 |
| 0,00002 | 0 | 0 |

Параметры каждого пятна снимались 10 раз, причем курсор каждый раз устанавливался заново. Как мы видим из Табл.1, за исключением самого низкого содержания вещества, относительная ошибка составляет не более 0,4% во второй строчке и гораздо менее – в последующих. Мы думаем, что высокая ошибка при низких количествах никеля связано с тем, что пятна при этом образуют неплотную группу окрашенных пикселей. Сравнение данных Табл. 1 и Рис. 5. позволяет говорить о том, что основная ошибка измерения интегральной интенсивности окраски связана не столько с измерением параметров пятен с помощью программы Blot-1, сколько другими факторами. Следует отметить еще один момент. Мы проводили сравнение анализа пятен в формате BMP и JPEG. Результаты определения интегральной интенсивности пятен не зависели от формата изображения, тогда как количество точек в пятне в формате JPEG сильно варьировало.

2. Влияние разрешения Сканера. С целью проверки возможности искажений, которые могло бы внести разрешение сканера, мы провели анализ двух пятен с большой интенсивностью и низкой интенсивностью окраски после сканирования на различных разрешениях. Результаты представлены на Рис. 8. Поскольку зависимость площади пятна в пикселях от разрешения имеет характер квадратичной функции, на оси ординат мы отложили корень квадратный от интегральной интенсивности. Как видно из рисунка, увеличение разрешения приводит к квадратичному увеличению интегральной интенсивности пятен «3» и «6» , т.е. большой и низкой интенсивности окрашивания.

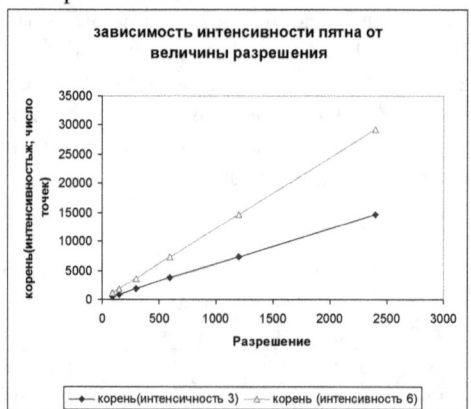

Рис. 8. Влияние разрешения сканера на соотношение интенсивностей окрашивания различных пятен.

3. Влияние неоднородностей бумаги. Неоднородность бумаги является определяющей в величине ошибки. Использование более однородного материала, нежели фильтровальная бумага позволит увеличить точность измерений.

Резюмируя обсуждение, можно сказать следующее. Данные работы позволяют утверждать, что использование сканера при определении концентрации или количества вещества позволяет проводить измерения с не меньшей точностью, что и при использовании спектрофотометров в большинстве случаев. Следует только соблюдать следующие условия:

1. Нанесение на один и тот же лист бумаги как калибровочных пятен растворов с известной концентрацией, так и испытуемых растворов.
2. Использовать для нанесения капель на бумагу максимально точный дозатор или шприц.

Применение предложенной методики может решить вопросы, связанные с нестабильностью испытываемых образцов, а также удешевить массовые анализы, ибо стоимость сканера на порядки меньше стоимости спектрофотометра. В данной работе мы не касались вопросов пробоподготовки и влияния мешающих веществ, имея в виду традиционные подходы, которые существуют для спектрофотометрического определения.

## Список литературы

1. Иванов В.М., Кузнецова О.В. Химическая цветометрия: возможности метода, области применения и перспективы. // Успехи химии. 2001. Т. 70. №5. С. 411-428.
2. Дмитриенко С.Г., Пяткова Л.Н., Золотов Ю.А. Сорбция ионных ассоциатов на пенополиуретанах и ее применение в сорбционно-спектроскопических и тест-методах анализа. // Журн. аналитической химии. 2002. Т. 57. № 10. С. 1036 -1042.
3. А.Т. Стрельникова, А.А. Кулаков Использование сканера для обнаружения химических веществ - XX Туполевские чтения, Межд. Молодеж. Конфер. Казань 2012 г. т.3. часть1, с. 233-234

**Чижевская С.В., Магомедбеков Э.П., Жуков А.В., Клименко О.М.,
Давыдов А.В., Поленов Г.Д.**
РХТУ им. Д.И. Менделеева
chizh@rctu.ru

## ЗАКОНОМЕРНОСТИ ТВЕРДОФАЗНОЙ КОНВЕРСИИ ОБЕДНЕННОГО ТЕТРАФТОРИДА УРАНА В ОКСИДЫ С ПОМОЩЬЮ МЕХАНОАКТИВИРОВАННОГО КРЕМНЕЗЕМА

Процесс разделения в газовой фазе $^{235}UF_6$ и $^{238}UF_6$ приводит к накоплению значительного количества отвального продукта – обедненного гексафторида урана (ОГФУ). Повторное извлечение $^{235}U$ из ОГФУ является чаще всего нерентабельным, поэтому его подвергают долговременному хранению в стальных контейнерах.

В настоящее время в мире накоплено около 2 млн. тонн ОГФУ, который представляет не только химическую, но и радиационную опасность. Поэтому разработка альтернативного долговременному хранению метода обращения с ним является актуальной. С 1980-х годов ОГФУ конвертируют в более безопасные материалы – тетрафторид и оксиды урана [1]. Дополнительные преимущества конверсии заключаются в том, что ОГФУ является не только техногенным продуктом ядерной энергетики, обладающим «ядерной» чистотой, но и дешевым источником фтора, однако, эти достоинства до настоящего времени не использовали.

В России в рамках проекта 13.G25.31.0051 разработана двухстадийная технология конверсии ОГФУ в оксиды. На первой стадии проводится восстановление ОГФУ непредельными галогенопроизводными органических соединений до обедненного тетрафторида урана (ОТФУ) с получением озонобезопасных фторопроизводных, на второй – твердофазное взаимодействие ОТФУ с механоактивированным кремнеземом с получением оксидов урана и $SiF_4$ – прекурсора поли- и монокристаллического кремния [2]. Экономическую эффективность такого варианта технологии гарантирует востребованность органических фторопроизводных и высокочистого тетрафторида кремния [2].

Нами установлено, что вместо ОТФУ, полученного восстановлением ОГФУ непредельными галогенопроизводными органических соединений, может использоваться и ОТФУ, полученный восстановлением ОГФУ водородом во фтороводородном пламени [3].

Известно, что реакции в смесях порошкообразных веществ зависят от большого числа характеристик компонентов, таких как грансостав, насыпная плотность, пористость, величина общей поверхности и поверхности контакта, сыпучесть, гигроскопичность, теплопроводность и др. Между тем сведения об исходных компонентах твердофазной реакции ОТФУ – $SiO_2$, имеющиеся в литературе, довольно скудны. Так, информация об ОТФУ фактически ограничивается упоминанием морфологии продукта, полученного восстановлением ОГФУ водородом при 600-700°C [4]. Что же касается кремнезема, то, несмотря на многочисленность запатентованных компанией Starmet форм (кварц, тридимит, кристобалит, коэсит, кварцевое стекло и др.), в литературе обсуждается поведение преимущественно рентгеноаморфного $SiO_2$ (диатомитовой земли). Данные о взаимодействии ОТФУ с кристаллическим кремнеземом отсутствуют.

При изучении закономерностей твердофазного взаимодействия в системе ОТФУ – кремнезем в условиях отсутствия перемешивания компонентов нами установлено, что температурный интервал выделения $SiF_4$ во многом определяется природой только одного из компонентов – кремнезема, тогда как природа ОТФУ не оказывает существенного влияния на протекание реакции. По эффективности влияния на скорость процесса и выход реакции кремнезем можно расположить в ряд кварц < кристобалит < рентгеноаморфный $SiO_2$ [2].

Важным фактором, влияющим как на фазовый состав твердого продукта реакции, так и на температурный интервал выделения $SiF_4$, является газовая среда [5]. Так, проведение конверсии в инертной среде позволяет снизить температуру взаимодействия на 30-50°C по сравнению с кислородсодержащей средой. Наличие влаги в системе не только изменяет механизм реакции, но и снижает ее выход за счет протекания побочных реакций [6], продукты которых приводят к уменьшению срока эксплуатации оборудования.

Применение механоактивации кремнезема позволяет снизить температуру твердофазного взаимодействия на 150-200°C за счет повышения реакционной способности его кристаллических и рентгеноаморфных форм [5-8]. Изучение влияния типа аппарата, длительности механообработки и размера шаров, материала размольной гарнитуры на структуру и другие характеристики кварца, а также на фазовый состав продуктов и выход реакции при изотермической выдержке стехиометрических смесей ОТФУ – механоактивированный кварц в интервале температур 400-800°C, позволило получить дополнительную информацию о факторах, влияющих на твердофазное взаимодействие ОТФУ с кремнеземом. Так, например, увеличение диаметра шаров и длительности механообработки кварца способствует повышению его реакционной способности за счет эффекта Хедвала – увеличения содержания в нем метастабильного $\beta$-кристобалита.

Другим приемом, позволяющим интенсифицировать процесс, является введение стимулирующей добавки (СД) при механоактивации $SiO_2$ [8]. Это обеспечивает дополнительное снижение температуры и повышение выхода реакции, а также сокращение длительности твердофазного взаимодействия кварца с ОТФУ. Выход, близкий к 100%, в системе с механоактивированным кварцем был достигнут при температуре ниже 600°С, а при использовании активированного рентгеноаморфного кремнезема – ниже 500°С [5].

Таким образом, применение механоактивации одного из компонентов системы – кремнезема в оптимальных условиях обеспечивает высокий выход реакции конверсии обедненного тетрафторида урана в оксиды при относительно низких температурах, что позволит использовать более дешевые конструкционные материалы для реакционного аппарата, и, тем самым, – снизить материальные затраты.

## Литература

1. Shatalov V.V., Seredenko V.A., Kalmakov D.Yu. et al. Depleted uranium hexafluoride – The fluorine source for production of the inorganic and organic compounds // J. Fluorine Chemistry. 2009. V. 130. P. 122-126.

2. Магомедбеков Э.П., Чижевская С.В., Клименко О.М. и др. Обедненный гексафторид урана – техногенное сырье для получения высокочистых неорганических фторидов // Атомная энергия. 2011. Т. 111. Вып. 4. С. 219-223.

3. Шаталов В.В., Щербаков В.И., Серегин М.Б. и др. Способ конверсии гексафторида урана в тетрафторид урана и безводный фтористый водород и устройство его осуществления: пат. РФ 2188795. №2000129248/12; заявл. 23.11.2000; опубл. 10.09.2002.

4. Bulko John B., Schlier David S. Recovery of High Value Fluorine Products from Uranium Hexafluoride Conversion. In: WM'99 Conf., 1999, CD-ROM № 23_2.

5. Магомедбеков Э.П., Чижевская С.В., Давыдов А.В. и др. Твердофазное взаимодействие механоактивированного кремнезема с тетрафторидом урана в условиях отсутствия перемешивания компонентов // Огнеупоры и техническая керамика. 2012. № 10. С. 3-9.

6. Чижевская С.В., Магомедбеков Э.П., Жуков А.В. и др. Взаимодействие тетрафторида урана с механоактивированным кварцевым концентратом в воздушной среде в условиях отсутствия принудительного удаления газообразных продуктов реакции // Огнеупоры и техническая керамика. 2012. № 10. С. 24-31.

7. Магомедбеков Э.П., Чижевская С.В., Клименко О.М. и др. Влияние механоактивации на процесс твердофазного взаимодействия UF$_4$ с кварцем // Огнеупоры и техническая керамика. 2011. № 11-12. С. 18-22.

8. Магомедбеков Э.П., Чижевская С.В., Давыдов А.В. и др. Взаимодействие обедненного тетрафторида урана с кремнеземом // Атомная энергия. 2012. Т. 112. Вып. 3. С. 186-188.

**Кудрявцева Т.Н., Грехнёва Е.В.**

к.х.н., доцент; к.х.н., доцент; Курский государственный университет

grekhnyovaev@yandex.ru

## МИКРОВОЛНОВАЯ АКТИВАЦИЯ СИНТЕЗА 4-КАРБОКСИАКРИДОНА И ПОЛУЧЕНИЕ УСТОЙЧИВЫХ ВОДНЫХ ДИСПЕРСИЙ НА ЕГО ОСНОВЕ

Производные акридонов находят широкое применение в различных областях. Это весьма ценные красители, индикаторы. Акридоны являются полупродуктами для синтеза многих биологически активных соединений, перспективных антигрибковых, антибактериальных, противовирусных препаратов. В частности, производные 4-карбоксиакридона проявляют антибактериальную, противовирусную, противоопухолевую активность [1,277; 2,1019].

Одним из наиболее доступных способов получения карбоксиакридонов является циклизация соответствующих дифениламиндикарбоновых кислот (ДФАКК) в концентрированной серной кислоте при температуре 90-100 °C в течение 4-х часов при рекомендуемом мольном соотношении ДФАКК : серная кислота (1 : 7,5) – (1 : 9) [3,37; 4,8]. Можно ожидать, что микроволновая активация указанного процесса должна привести к сокращению времени реакции и к увеличению выхода целевого продукта по сравнению с традиционным способом нагрева.

Исследования проводились на лабораторной микроволновой установке MARS фирмы CEM Corporation при системе контроля температуры при мощности микроволнового излучения 400 Вт при мольном соотношении ДФАКК : серная кислота 1:8 соответственно.

Чистоту исходных соединений и продуктов реакции контролировали методом тонкослойной хроматографии (пластины «Сорбфил» ПТСХ-П-В-УФ, элюент - ацетон : бензол : уксусная кислота в объемных соотношениях 5: 3: 0,5). Исходные 2,2'- и 4,4'-дифениламиндикарбоновые кислоты (ДФАДКК) получали по реакции Ульмана и очищали перекристаллизацией из N,N-диметилформамида.

В условиях микроволнового излучения (МВИ), как и в условиях традиционного нагрева, реакция циклизации протекает по схеме (1):

$$I: R - a\text{ -2'-COOH}; b - 4'\text{-COOH}.$$

Для выявления влияния МВИ на скорость внутримолекулярной конденсации замещенных ДФАДКК были определены кинетические характеристики реакции.

Кинетические исследования проводили методом тонкослойной хроматографии с денситометрией. Полученные хроматограммы обрабатывали на видеоденситометре «Сорбфил» при длине волны 254 нм по программе «Сорбфил 1.8» [4,10].

По результатам обработки хроматограмм рассчитывали степень расходования исходной ДФАДКК и степень накопления соответствующего акридона ($\alpha_{ДФАДКК} = C_{ДФАДКК} / C_{ДФАДКК,0}$).

Оказалось, что ДФАДКК в условиях МВИ расходуется с большей скоростью. Найдено, что при традиционном способе нагрева период полупревращения ДФАДКК в акридон составляет 60 мин, а при применении МВИ – 20 мин.

Полученные данные позволили определить значения констант скорости реакций, на их основе рассчитать энергии активации при проведении процессов в условиях МВИ и сравнить результаты с данными, полученными при традиционном способе нагрева (таблица 1).

Таблица 1 – Кинетические параметры циклизации ДФАДКК в концентрированной серной кислоте

| Исходная ДФАДКК | Традиционный способ нагрева | | | | | | Микроволновый способ | | | | | |
|---|---|---|---|---|---|---|---|---|---|---|---|---|
| | $k, \times 10^5 / с^{-1}$, при T °C | | | | | $E_{акт}$, кДж/моль | $k, \times 10^5 / с^{-1}$, при T °C | | | | | $E_{акт}$, кДж/моль |
| | 60 | 70 | 80 | 90 | 100 | | 60 | 70 | 80 | 90 | 100 | |
| Ia | - | 7,87 ± 0,31 | 27,79 ± 1,11 | 89,22 ± 3,56 | 294,00 ± 11,76 | 127,9 | 7,76 ± 0,31 | 43,12 ± 1,71 | 254,90 ± 10,1 | - | - | 115,0 |
| Ib | 7,51 ± 0,30 | 22,31 ± 0,89 | 61,28 ± 2,45 | 142,81 ± 2,45 | - | 99,0 | 19,33 ± 0,77 | 32,27 ± 1,28 | 52,02 ± 2,07 | - | - | 49,1 |

Как видно из таблицы 1, применение МВИ существенно увеличивает скорость реакции циклизации и приводит к снижению энергии активации процесса.

Полученные акридоны были выделены, структура была подтверждена данными ИК-спектроскопии (ИК-Фурье спектрометр типа IR-200, фирма Nicolet) и хромато-масс-спектрометрии (система ВЭЖХ-МС Thermo Scientific) с использованием библиотечной базы данных масс-спектров «NIST2005». Спектры акридонов, синтезированных в условиях МВИ и при традиционном способе нагрева, идентичны [7,251-329].

Придание производным акридона, в частности, 4-карбоксиакридону и его производным, способности растворяться в воде позволяет повысить их биологическую доступность и облегчить способ их доставки к биологическим мишеням [5,50;6]. Одним из способов, позволяющих достигнуть указанной цели, является микрокапсулирование. Заключение не растворимых в воде веществ, в оболочку из водорастворимых полимеров, скорее всего, приведет к получению продуктов способных образовывать водные суспензии устойчивые в большей или меньшей степени[5,51].

Для микрокапсулирования 4-карбоксиакридона в водорастворимые полимеры, такие как поливиниловый спирт (ПВС) и поливинилпирролидон (ПВП) применялся физико-химический метод капсулирования, который состоит в осаждении полимера на поверхности капсулируемого вещества путем замены растворителя. Этот метод включает в себя следующие стадии: растворение 4-карбоксиакридона в подходящем растворителе (например, диметилформамиде), переосаждение вещества из раствора и осаждение полимера на поверхности вещества в результате постепенного прибавления осадителя. В качестве осадителя использовали раствор ледяной уксусной кислоты в ацетоне различной концентрации (1,0; 3,0; 5,0% масс.). Образовавшиеся микрокапсулы отфильтровывали на фильтре Шота (ВФ-1-40 пор.16), промывали ацетоном и высушивали в эксикаторе над влагопоглощающим агентом.

Как оказалось полученные вышеописанным способом продукты в воде образуют устойчивые дисперсии, визуально не отличающиеся от истинных растворов. Седиментационная устойчивость таких суспензий зависит от природы капсулируемого вещества, а также от соотношения полимер : вещество в конечном продукте.

Была исследована седиментационная устойчивость 1% водной суспензии микрокапсулированного в ПВС 4-карбоксиакридона при различных значениях pH среды. Наибольшей устойчивостью указанная система обладает в щелочной среде с pH=11. С уменьшением pH среды стабильность системы падает, и концентрация 4-карбоксиакридона резко снижается уже в первые сутки.

Количественный анализ получаемых микрокапсул, а также анализ седиментационной устойчивости проводились методом тонкослойной хроматографии на высокоэффективных пластинах «Sorbfil», которые обрабатывали на денситометре «Sorbfil» (Россия), с помощью программы «Sorbfil 1.8».

Структура выделенных продуктов подтверждалась методом инфракрасной спектроскопии с использованием ИК-Фурье спектрометра типа IR-200 (США), оснащенного приставкой нарушенного полного внутреннего отражения (НПВО), позволяющей регистрировать спектры поглощения поверхностного слоя толщиной менее 1 микрометра.

В результате проведенных исследований было доказано, что использование МВИ в качестве активатора процесса получения карбоксиакридонов позволяет сократить время реакции и добиться более высокого выхода целевого продукта. Кроме того, с помощью приведенных здесь методик можно переводить нерастворимые в воде вещества (4-карбоксиакридон) в форму образующую устойчивые в течение нескольких дней и более водные суспензии. Такие суспензии значительно более удобны в использовании, а концентрацию действующего вещества в них можно варьировать в широких пределах в зависимости от назначения и в соответствии с выбранной методикой.

### Литература

1. Сысоев П.И., Кудрявцева Т.Н., Сергеева Н.Н., Климова Л.Г. Синтез и изучение биологической активности гидразидов и арилиденгидразидов акридонкарбоновых кислот // Тезисы докладов кластера конференций по органической химии «ОргХим 2013». Санкт-Петербург (пос. Репино), 17-21 июня 2013 г. С. 277-278.

2. Fröhlichová, Z., Spectroscopic, structural and theoretical studies of novel, potentially cytotoxic 4-acridonecarboxamide imines [Text] / Z. Fröhlichová, J. Tomaščiková, J. Imrich, P. Kristian, I. Danihel, S. Böhm, D. Sabolová, M. Kožurková, and K. D. Klika.// Heterocycles,2009. No.77.Page1019.

3. Кинетические характеристики реакции циклизации метилзамещенных дифениламин-2-карбоновых кислот в среде серной кислоты [Текст] / Ю.Д. Маркович, Т.Н. Кудрявцева Д.С. Лоторев, Н.А. Пелевин // Известия Курского государственного технического университета. – 2007.- №3 (20). С. 37-39.

4. Маркович Ю.Д., Пелевин Н.А., Лоторев Д.С., Кудрявцева Т.Н. Изучение кинетики реакций циклизации дифениламин-2-карбоновых кислот с использованием тонкослойной хроматографии с денситометрией // Заводская лаборатория – 2008.- № 4. С. 8-11

5. Маркович Ю.Д., Грехнёва Е.В., Ефанов С.А., Юдина О.П. Свойства производных акридона инкапсулированных в водорастворимые полимеры // Известия КурскГТУ, Курск.: Курск гос. техн. ун-т, 2011 №1 (34). С. 50-55

6. Маркович Ю.Д., Грехнёва Е.В., Кудрявцева Т.Н., Ефанов С.А., Климова Л.Г. Микрокапсулирование 4-карбоксиакридона в водорастворимые полимеры // Ученые записки Курского государственного университета, 2013 №3 (27).

7. Преч Э., Бюльманн Ф., Аффольтер К. Определение строения органических соединений. Таблицы спектральных данных – М.: Мир, БИНОМ, 2006. 438 с.

*Работа выполнена при финансовой поддержке Министерства образования и науки РФ.*

**Ivanova I.K.**

Candidate of Chemical Science, Docent, Leading Researcher of Federal State Autonomous Educational Institution of Higher Professional Education "M. K. Ammosov North-Eastern Federal University" and Institute of Oil and Gas Problems SB RAS

e-mail: iva-izabella@yandex.ru

## STUDY OF THE ASPHALTIC RESINOUS PARAFFIN SEDIMENTS (ARPS) DISSOLUTION KINETICS IN A WIDE TEMPERATURE RANGE

The paper presents the results of the dissolution kinetics study of the ARPS (samples from the Irelyakh gas and oil field (GOF)) in various hydrocarbons at 10 and 25 °C, that corresponds to the seasonal conditions of this field operation, as well as at higher temperatures (40 and 60 °C) to determine the general dependence of the rate dissolution of the ARPS from the temperature. Since the investigated ARPS refers to the type of paraffin [1, 99], hexane was selected as the basic component and its compositions were investigated. We have shown the possibility of the topochemical models application for the description of the kinetics of heavy oil deposits dissolution [2, 735; 3,108]. Using this method we defined and calculated: limiting stages of dissolution (n), the dissolution rate constants (K), the time when the half of the ARPS will go into solution ($\tau_{1/2}$) and the effective activation energy (Ea) of the ARPS destruction in the studied systems (table 1).

The obtained kinetic curves of the ARPS dissolution in hydrocarbon solvents are shown in Fig. 1 in the coordinates «the dissolution rate (α) - time (τ)» and to compare the data in gas condensate [3,108] at 10 and 25 °C.

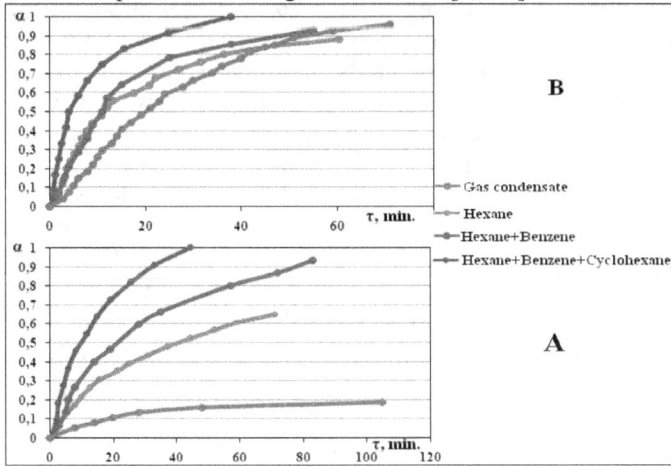

Figure 1: Kinetic curves of the ARPS dissolution in the gas condensate, hexane, and HBM at 10 (A) and 25 $^0$C (B)

It is seen that the dissolution rate of the ARPS in the gas condensate, as compared to hexane and HBM, essentially depends on the temperature. Analysis of the shape of these curves showed that the dissolution of the ARPS in the studied solvents belongs to a class of reactions that are characterized by a maximum initial velocity. In the case of hexane and HBM it can be explained by relatively high chemical activity of the solvent, and in the case of gas condensate - the influence of temperature. However, with increasing of the degree of dissolution the reaction rate gradually decreases.

Table 1

Kinetic parameters of the paraffin type ARPS dissolution in various hydrocarbons in the temperature range from 10 to 60 °C

| Models | | n | K, min$^{-1}$ | $\tau_{1/2}$, min | Ea, kJ/mol |
|---|---|---|---|---|---|
| Sample | t°C | | | | |
| ARPS+Hexane | 10 | 0,84±0,04 | 1,43*10$^{-2}$ | - | 51,9 |
| | 25 | 0,97±0,03 | 4,89*10$^{-2}$ | 14,17 | |
| | 40 | 1,40±0,03 | 1,81*10$^{-1}$ | 3,83 | |
| | 60 | 1,74±0,11 | 2,97*10$^{-1}$ | 2,33 | |
| ARPS+Hexane+Benzene (1:1) | 10 | 0,99±0,07 | 3,10*10$^{-2}$ | 22,36 | 39,4 |
| | 25 | 1,05±0,13 | 6,10*10$^{-2}$ | 11,36 | |
| | 40 | 1,04±0,11 | 1,53*10$^{-1}$ | 4,53 | |
| | 60 | 1,13±0,16 | 3,47*10$^{-1}$ | 2,00 | |
| ARPS+ Hexane+Cyclohexane+Benzene (1:1:1) | 10 | 1,05±0,03 | 7,28*10$^{-2}$ | 9,52 | 35,3 |
| | 25 | 0,94±0,06 | 1,23*10$^{-1}$ | 5,64 | |
| | 40 | 1,29±0,11 | 3,58*10$^{-1}$ | 1,94 | |
| | 60 | 1,08±0,12 | 1,18 | 0,59 | |

It was established that the destruction process in the binary paraffin - aromatic and triple paraffin-naphthene -aromatic solvents at different temperatures occurs as a first-order reaction (n=1), i.e. the ARPS dissolution rate in these systems neither is limited of the rate of chemical reactions at the interface, nor diffusion. In hexane at 10 °C, this process flows in the diffusion region (n <1), but when heated to 25 °C the process moves from the diffusion regime to the kinetic (n> 1). It was found that the benzene and cyclohexane addition to hexane leads to increasing of the dissolution rate constant, which can be explained by increasing of the dissolving capacity of binary and ternary composites against the ARPS, which is confirmed by decreasing of the effective activation energy of the ARPS destruction. In addition, it was found a positive synergistic effect of the triple solvent action on the ARPS: $\tau_{1/2}$ has higher values, the rate constants higher compared to hexane and binary composite and the process is characterized by a lower value of effective activation energy.

The investigation of kinetics of the ARPS destruction at higher temperatures has allowed establishing the dependence of the logarithm of the rate constant of dissolution from inverse of temperature (Fig. 2).

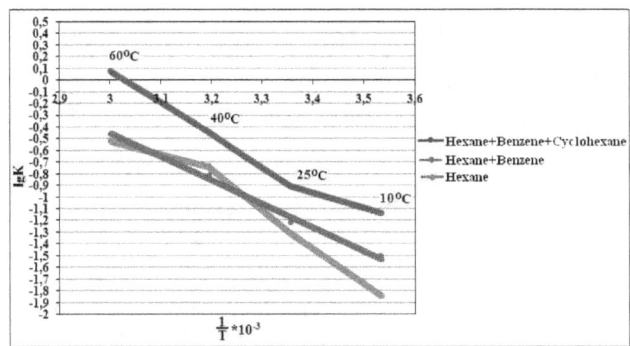

Figure 2: The dependence of the rate of the ARPS dissolution in various reagents from inverse of temperature

It can be seen that for models: ARPS + Hexane and ARPS + Hexane + Cyclohexane + Benzene experimental data (points) on the graph coordinates lgK - 1 / T are on the lines with a break, which indicates a deviation from the temperature dependence of the rate of dissolution in these systems from Arrhenius equation. Perhaps this is due to the fact that the measured rate constant refers to more than one stage of the reaction. In the binary composite the dependence is linear, without fracturing.

Thus, the first investigated and described microkinetics of dissolution of heavy oil deposits in various hydrocarbon systems at different temperatures: kinetic parameters of dissolution and limiting stages of these processes have been determined, a positive synergistic effect of naphthenic and aromatic components in an aliphatic solvent has been detected at the paraffin type ARPS dissolving.

This research was supported by the Integration project of SB RAS № 19 "Gas hydrates in the petroleum industry" (2012-2014).

## REFERENCES

1. Ivanova I.K., Shitz E.Yu., 2009. Using of the gas condensate for fighting with organic deposits in the condition of abnormally low reservoir temperatures. Journal of Oil Industry, Russia, 12, 99 – 101.
2. Ivanova I.K., Shitz E.Yu., 2010. Kinetic parameters of the dissolution process of the asphaltic resinous paraffin sediments in some hydrocarbon solvents (ARPS). Journal of Chemistry for Sustainable Development, Russia, 6(18), 735-739.
3. Ivanova I.K., Rykunov A.A., 2010. The study of the dissolution process the asphaltic resinous paraffin sediments from the standpoint of formal kinetics. Journal of Oil Industry, Russia, 11, 108-110.

**Саенко И.И.**

кандидат экономических наук, доцент кафедры «Экономики и менеджмента» ФГБОУ ВПО «Кубанский государственный университет» филиал в г.Армавире

saenkoirina@yandex.ru

# СТРАТЕГИЯ ИННОВАЦИОННОГО РАЗВИТИЯ РЕГИОНА

Эффективное социально-экономическое развитие страны не может реализовываться без интеграции ее территориальных образований в единое макроэкономическое и социальное пространство. В современной России одним из главных участников инновационных социально-экономических преобразований становится регион как субъект.

Инновационное развитие региона тесно связано с его социально-экономическим состоянием и возникшими в нем проблемами. Именно на решение таких проблем ориентируется стратегия реализации инновационных реформ, преобразование сложившихся форм, методов и организации управления в регионе.

В современных условиях проблема разработки эффективной стратегии инновационного развития региона является актуальной, поскольку каждая территориальная единица имеет свои особенности, обусловленные геополитическим положением, социально-экономическими, природными, политическими, этническими и другими факторами. Которые можно разделить на две группы: внешние и внутренние. Необходимость применения стратегического планирования в регулировании инновационной деятельности региона на сегодняшний день не вызывает сомнения, но эффективность функционирования этой стратегии будет зависеть от широкой совокупности региональных факторов и проблем.

Инновационная деятельность объединяет в себе множество различных составляющих - это производство нового знания, новых товаров, услуг, подготовку кадров и многое другое. На наш взгляд, одним из важнейших типов инновационной деятельности является регулятивная инновационная деятельность, т.е. деятельность по поддержанию и развитию связей между различными видами, элементами, компонентами инновационной деятельности.

Эффективное осуществление инновационной деятельности требует организационного, экономического, финансового, нормативно-правового регулирования процессов создания и распространения инноваций.

Высшей формой регулятивной инновационной деятельности является выработка и проведение инновационной политики, которая строиться на основе системного подхода предполагающего не только органическое сочетание и комплексность различных видов регулирования инновационной деятельности, но и единство регулятивной инновационной деятельности на всех уровнях (государства в целом, на региональном уровне, на уровне отдельного предприятия, организации, учреждения), тесную взаимосвязь и согласованность всех управленческих инструментов и решений.

Инновационную политику в регионе можно рассматривать как систему целевых установок, основой которых является выявление комплекса мероприятий, направленных на реализацию задач инновационного развития с учетом рационального использования социально-экономического потенциала территории.

Одной из положительных тенденций разработки и реализации инновационной политики в России является тот факт, что практически каждый регион разрабатывает собственные стратегии, концепции и программы инновационного развития. Стратегия инновационного развития региона должна строиться на основе системного подхода. Технология разработки подобной стратегии включает в себя следующие этапы:

- анализ функционирования социально - экономического комплекса региона, его роли и места в инновационном развитии страны;

- оценка регионального потенциала, предпосылок и возможностей инновационного развития;

- определение перспективных направлений инновационного развития региона с использованием имеющихся преимуществ и создание новых;

- выбор инструментов воздействия на социально-экономическое развитие в инновационном ключе;

- совмещение региональных приоритетов инновационного развития с федеральными.

Обобщенная структура инновационной системы состоит из 5-и подсистем, выполняющих следующие функции:

1. Система научного и технического образования – развитие социального капитала на основе непрерывного образовательного процесса, позволяющего объединить потребности развития личности и требования рынка труда.

2. Система генерации знаний – повышение конкурентоспособности научно-образовательного комплекса региона и создание условий для его воспроизводства на основе интеграции научно-исследовательской и образовательной деятельности, использование достижений исследований научных центров, отраслевой и вузовской науки для обеспечения уровня образования в ВУЗах региона, соответствующего мировому уровню развития науки и технологий.

3. Система генерации технологий – стимулирование создания технологий для отраслей новой экономики, в которых потенциал знаний трансформируется в коммерческие продукты с высокой нормой

добавочной стоимости, стимулирование развития малого и среднего бизнеса в инновационной сфере.

4. Система технологического перевооружения предприятий – формирование и реализация региональных программ по созданию и освоению на предприятиях края высокопроизводительных, экологически чистых и ресурсосберегающих технологий с одновременным ужесточением технических, экологических и других требований к выпускаемой продукции и оказываемым услугам.

5. Инновационная инфраструктура – создание благоприятных условий для выполнения исследований и разработок, трансфера технологий и коммерциализации инноваций.

Создание региональной инновационной системы позволит эффективно решать приоритетные социально-экономические задачи в области развития науки и формирования инновационной системы:

1. Формирование рынка прав на результаты интеллектуальной собственности: создание условий, обеспечивающих вовлечение в гражданский оборот объектов интеллектуальной собственности; формирование системы учета нематериальных активов.

2. Реструктуризация государственного сектора науки: создание краевого сектора науки, краевых научно-технических программ, направленных на модернизацию экономики; координация исследований, проводимых в федеральных научных организациях с задачами создания краевой инновационной экономики.

3. Формирование краевой инновационной инфраструктуры и обеспечение ее интеграции с национальной инновационной инфраструктурой.

4. Формирование системы научного и технологического прогнозирования на краевом уровне (форсайт). На базе форсайта будут определяться научные и технологические приоритеты краевой научно-технической и инновационной политики.

5. Стимулирование спроса на инновации и новые технологии, расширение механизмов содействия предприятиям, реализующим инновационные проекты.

6. Усиление интеграции науки, образования и производства в рамках краевой инновационной системы.

В заключении следует подчеркнуть, что стратегия инновационного развития региона должна включать в себя действенные инструменты регулирования данной деятельности, которая должна быть направлена на продвижение конкурентоспособных отраслей и сфер региона, что отражается в стратегическом планировании долгосрочного эффективного социально-экономического развития территории, с учетом инновационных приоритетов и на основе стабильного и активного инновационно-инвестиционного климата.

**Кузьмина Н.М.**
д.э.н., профессор, НОУ ВПО «МИР»

## КОНЦЕПЦИЯ НЕПРЕРЫВНОГО ОБРАЗОВАНИЯ И СОВРЕМЕННЫЕ МЕТОДЫ ОБУЧЕНИЯ И РАЗВИТИЯ СОТРУДНИКОВ В ОРГАНИЗАЦИИ

Реформирование экономики, инновационные процессы, интенсификация и модернизация производства затрагивают всю систему производительных сил, требуют изменения самого человека как главной производительной силы общества с его способностью трудиться, создавать материальные и духовные ценности, меняя содержание и условия человеческой деятельности. Ситуация на рынке труда сейчас такова, что без постоянного обновления знаний и навыков трудиться с высокой эффективностью невозможно. Новые приемы труда не могут осваиваться без адаптации способностей и навыков работника к новому виду производственной деятельности.

Мобильность рабочей силы в общественном производстве впервые доказал К. Маркс, сделав вывод, что «крупная промышленность своими катастрофами делает вопросом жизни и смерти признание перемены труда, а потому и возможно большей многосторонности рабочих, всеобщим законам общественного производства» [1]. Этот тезис по-прежнему актуален и применим ко всему персоналу любого предприятия, учреждения и организации. Сегодня практически каждый работающий независимо от того, где он получил первоначальную подготовку, вынужден постоянно пополнять имеющиеся знания и навыки как самостоятельно, так и на различных курсах повышения деловой активности и квалификации. Накопление мастерства и знаний становится основным накоплением. Повышение квалификации должно обеспечить профессиональное продвижение от менее к более квалифицированным видам труда, что будет соответствовать карьерным устремлениям. Следовательно, перемена трудовой деятельности и постоянный рост компетентности или квалификации являются объективной необходимостью.

Получить высокие результаты можно только в том случае, если сотрудники обладают знаниями, умениями, соответствующим настроем, необходимыми для эффективных и результативных усилий.

Обучение не является чем-то внешним по отношению к основным функциям организации, наоборот, оно интегрирует усилия в достижении основных стратегических целей. Условия внешней среды меняются достаточно быстро, поэтому умения, знания и опыт людей, необходимые в их деятельности, также меняются, причем все более быстрыми темпами [2].

Модернизация ускоряет процесс воспроизводства знаний и, следовательно, увеличивает коэффициент их передачи. Считая разрыв между поколениями в 20-30 лет и учитывая, что удвоение объема знаний происходит за 40-50 лет, величину коэффициента к концу 80-ых годов XX века можно было определить в интервале 1,3-1,7. Каждое следующее поколение в совокупности должно было получать знаний в 1,5 раза больше. В последние десятилетия коэффициент передачи знаний возрастал более быстрыми темпами и, по мнению многих исследователей, приблизился к 2,0.

Образование и обучение в наши дни должны быть непрерывными. Концепция непрерывного образования (life-long learning) становится лидирующей, управление обучением и развитием подчиненных занимает все больше времени линейных менеджеров и специалистов по обучению. Линейные менеджеры располагают достоверными и детальными знаниями о меняющихся требованиях, предъявляемых к выполняемой работе, а также о навыках, требующихся каждому подчиненному, а специалисты по обучению – всей полнотой информации о современных обучающих программах, технологиях и внешних специалистах.

Кадровая политика организации, в первую очередь образовательная, оказывает непосредственное влияние на размер средств, выделяемых на обучение, выбор методов и видов обучения, которые будут финансироваться [3]. Обучение следует рассматривать как любой другой инвестиционный процесс с точки зрения оценки эффективности. Подход к обучению как к вложению капитала, а не как к невозвратимым затратам характеризуется понятием «человеческий капитал», введенным Беккером Г.С.

Управление обучением и развитием как сложный многоэтапный процесс начинается с отбора претендентов, обладающих способностями к определенной профессиональной деятельности, и (или) склонных к руководящей работе. В идеале, первый этап осуществляется за рамками организации - на стадии получения общего и профессионального образования.

Второй этап предполагает работу с молодыми специалистами, принятыми в организацию. Как правило, им назначается испытательный срок, в течение которого они должны пройти курс начального обучения и стажировку в разных подразделениях. На основе анализа работы молодых специалистов в течение года, их участия в проводимых мероприятиях, характеристик, выданных руководителями, подводятся итоги и осуществляется первичный отбор для зачисления в резерв выдвижения на руководящие должности.

Третий этап - конкретная деятельность под руководством линейного менеджера нижнего звена. Члены группы могут замещать отсутствующих руководителей в качестве дублеров и обучаться на курсах повышения квалификации. По завершении этого этапа проводятся вторичный отбор и тестирование, прошедшим предлагаются вакантные должности начальников цехов, их заместителей, а остальные работники могут перемещаться горизонтально.

На четвертом этапе осуществляется работа с руководителями среднего звена управления по индивидуальным планам и с постоянным наставником. Предусматривается стажировка в передовых организациях, ежегодно проводится тестирование с целью выявления их профессиональных навыков, умения управлять коллективом, решать сложные производственные задачи. На основании результатов тестирования выносятся предложения о дальнейшем служебном продвижении.

Пятый этап - работа с линейным менеджером высшего звена. Руководитель высшего звена обязан хорошо знать отрасль и организацию, иметь опыт работы в основных функциональных подсистемах, чтобы ориентироваться в производственных, финансовых, кадровых вопросах и квалифицированно действовать в экстремальных социально-экономических и политических ситуациях. Ротация должна начинаться заблаговременно, когда руководители находятся на должностях нижнего и среднего звена управления. Отбор должен осуществляться на конкурсной основе, при необходимости - с привлечением независимых экспертов. К сожалению, на сегодняшний день, несмотря на богатый опыт работы с персоналом, многие предприятия и организации достаточно далеки от этой схемы.

Качественное обучение персонала требует индивидуального подхода к каждому. Выбор метода обучения должен зависеть не только от потребностей организации, но и от личностных особенностей обучаемого. Желательно учесть абсолютно все: от характера и темперамента, имеющегося образования и навыков работы до карьерных устремлений. Руководствуясь таким подходом, можно будет ориентировать работников на развитие карьеры в первую очередь внутри организации.

В идеале, профессиональное обучение и развитие предполагают партнерство обучающего и обучающегося, и могут проходить в различных формах – тренинги, консультации, наставничество, изучение конкретных случаев, коучинг и т.д.

Коучинг является относительно новым методом для российских организаций, имеет собственные технологию, правила и философию, рациональное применение которых позволяет достичь нового качества деятельности, не доступного другим методам. Коучинг помогает определить границы персональной ответственности, приобрести интерес, внутреннюю мотивацию, вовлеченность в процесс. Основная цель коучинга заключается в оказании сотруднику помощи в самостоятельных поисках решения реальных проблем. Коучинг сочетает в себе элементы психологического консалтинга, менторства, бизнес-тренингов, активизирует потенциал человека и демонстрирует значимые результаты в решении профессиональных задач.

Коучинг – это индивидуальная ориентация человека на достижение значимых для него целей, повышение эффективности планирования, мобилизацию внутреннего потенциала, развитие необходимых способностей и навыков, освоение передовых стратегий получения результата.

Эта методика предназначена для расширения возможностей людей, осознавших потребность в изменениях и ставящих перед собой задачи профессионального и личностного роста. Она может быть направлена на выбор собственной позиции и реализацию планов в самых различных областях: бизнесе, карьере, образовании, межличностных отношениях и т.п.

Современное управление в стиле коучинга – это оценка потенциала сотрудников, учет их креативности и способностей в самостоятельном решении задачи, проявлении инициативы, осуществлении выбора, принятии решений и ответственности за достижение общих целей [4]. Применение коучинга связано с серьезными изменениями, обновлением и переходом к новому уровню и качеству с помощью инновационных методов кадрового менеджмента.

Компания, применяющая коучинг в отношении персонала, имеет ряд конкурентных преимуществ:

-сотрудники уверены в своих силах, понимают, что действительно могут внести ощутимый вклад в общее дело, работают с интересом и более высокой отдачей;

-формируется атмосфера доверия – сотрудники чувствуют свою причастность к успеху компании, поскольку их идеи и предложения не остаются без внимания, и, как следствие, начинают работать с большим энтузиазмом;

-повышается продуктивность и качество труда;

-улучшается душевный настрой людей и взаимоотношения в коллективе, сплоченная команда более адаптивна к изменениям и способна быстро и эффективно функционировать в критических ситуациях;

-сокращается текучесть кадров, что позволяет тратить меньше времени и средств на подбор, отбор, найм и дополнительное обучение персонала;

-совершенствуются корпоративная культура, система мотивации и развития сотрудников, управления конфликтными ситуациями.

Ознакомление с кадровой политикой разных предприятий, учреждений и организаций позволило сделать вывод, что больше всего внимания отбору, обучению и развитию кадров уделяется в крупных компаниях, поскольку повышение уровня квалификации и компетентности

– основной способ «выживания» и эффективной деятельности. Особое внимание уделяется сочетанию затрат на обучение и мер по удержанию специалистов, созданию возможных предпосылок карьерного и профессионального роста, обозначению индивидуальных перспектив. Именно коучинг как целенаправленный процесс развития потенциала сотрудников способствует росту персональной производительности и успешной деятельности организации в целом, интеграции личных и организационных целей в условиях изменений внешней и внутренней среды.

## Литература

1. Маркс К. Капитал. Т. 1. М: Государственное издательство политической литературы, 1971. 908 с.

2. Виханский О.С., Наумов А.И. Менеджмент. М.: Высшая школа, 2002. 528 с.

3. Десслер Г. Управление персоналом. // Пер с англ. М.: «Изд-во БИНОМ», 2008. 432 с.

4. Аткинсон М. Искусство лидерства: руководство в стиле коучинга. Программа по коучингу для руководителей. 2004. 49 с.

**Зотова А.И.**
к.э.н., профессор кафедры «Финансы и кредит» экономического
факультета Южного федерального университета
**Шестопалова О.В.**
студентка 5 курса кафедры «Финансы и кредит» экономического
факультета Южного федерального университета

## ФИНАНСОВЫЕ ИНСТРУМЕНТЫ ВЗАИМОДЕЙСТВИЯ ФЕДЕРАЛЬНОГО КАЗНАЧЕЙСТВА И БАНКА РОССИИ НА СОВРЕМЕННОМ ЭТАПЕ

Важнейшую роль в организации работы и контроля за функционированием бюджетной системы играет Федеральное казначейство РФ. Федеральное казначейство (Казначейство России) является федеральным органом исполнительной власти (федеральной службой), осуществляющим в соответствии с законодательством Российской Федерации правоприменительные функции по обеспечению исполнения федерального бюджета, кассовому обслуживанию исполнения бюджетов бюджетной системы Российской Федерации, предварительному и текущему контролю за ведением операций со средствами федерального бюджета главными распорядителями, распорядителями и получателями средств федерального бюджета [1].

Роль Казначейства как важнейшего элемента всей бюджетной системы определяется необходимостью централизации в рамках одного исполнительного органа движения всех денежных потоков как поступающих, так и исходящих. В процессе реализации принципа централизованного управления бюджетными средствами достигается одна из важнейших задач эффективной бюджетной политики – целевое использование средств и осуществление полного финансового контроля. Казначейство России - платежная, учетная, контрольная, информационная система в области финансовой деятельности публично-правовых образований, способствующая укреплению устойчивости, надежности и прозрачности финансовой системы Российской Федерации, а также обеспечивающая сохранность финансовых средств.

Потребности трансформации путей развития экономики России, связанных с переходом к инновационным подходам, настоятельно требуют изменений в сфере организации и функционирования всего сектора государственного управления. В Федеральном казначействе основные направления совершенствования системы внутренней организации и управления в значительной мере ориентированы на принципы лучших практик реализации административной реформы в нашей стране, а также на изучение и внедрение элементов аналогичного зарубежного опыта, включая достижения сектора реальной экономики.

Важнейшее изменение, которое внедряется в деятельности Федерального казначейства - это переход к стратегическому менеджменту. В Федеральном казначействе существует два горизонта планирования развития ведомства: пятилетнее планирование на основе стратегической карты и тактическое планирование на ежегодной основе. Планы тесно взаимосвязаны между собой и учитывают актуальные тенденции социально-экономической политики государства. В связи с этим специалистами ведомства была разработана "Стратегическая карта развития Федерального казначейства на 2014-2018 годы"[2], включающая следующие компоненты: стратегические цели Казначейства России, стратегические задачи, результаты и социальный эффект. Согласно данной карте важнейшими целями развития Казначейства России на среднесрочную перспективу являются:

обеспечение кассового обслуживания субъектов сектора государственного управления;

формирование единого информационного пространства финансовой деятельности публично - правовых образований Российской Федерации ;

усовершенствование системы бюджетных платежей;

обеспечение содействия эффективному управлению финансовых ресурсов государства;

обеспечение надежности функционирования Казначейства России и устойчивость казначейской системы.

Достижение поставленных целей требует эффективного и комплексного взаимодействия между Федеральным казначейством и Банком России. Основными инструментами в этой системе взаимодействия на ближайшую перспективу являются:

обеспечение органами Федерального казначейства наличными денежными средствами получателей средств бюджетов бюджетной системы Российской Федерации с использованием расчетных (дебетовых) банковских карт;

покупка (продажа) ценных бумаг по договорам репо;

размещение средств федерального бюджета на банковские депозиты.

Одним из первых совместных проектов Казначейства России и ЦБ РФ стало методическое и организационное сопровождение процесса перехода выдачи наличных денежных средств работникам бюджетной сферы и бюджетным учреждениям посредством индивидуальных и корпоративных банковских карт, эмитируемых кредитными организациями. Практическое применение порядка обеспечения наличными денежными средствами с использованием карт позволило:

значительно оптимизировать для всех клиентов технологию внесения и получения наличных денежных средств;

снизить расходы в процессе кассового обслуживания исполнения федерального бюджета.

Также к очевидным преимуществам использования расчетных карт в сфере бюджетных платежей можно отнести прозрачность совершенных операций, возможность осуществления оперативного контроля, отсутствие возможности нецелевого использования бюджетных средств.

Другим аспектом сотрудничества Федерального казначейства и Банка России стала покупка (продажа) ценных бумаг по договорам репо. Федеральным казначейством подготовлен, согласован в структурных подразделениях ЦАФК и направлен на рассмотрение в Минфин России и ЦБ РФ проект приказа Федерального казначейства, утверждающий проект порядка работы по осуществлению операций покупки (продажи) ценных бумаг по договорам репо с кредитными организациями и проект формы генерального соглашения о покупке (продаже) ценных бумаг по договорам репо [ ].

В настоящее время наиболее разработанным и доказавшим свою эффективность финансовым инструментом является размещение средств федерального бюджета на банковские депозиты, которое регулируется разработанными Министерством финансов РФ и Банком России Правилами размещения средств федерального бюджета на банковских депозитах.[ ] Ключевыми моментам данных правил стали следующие пункты:

вся работа по организации и проведению размещения средств осуществляется одной организацией;

значительно сокращается количество этапов согласования решения о размещении средств и документооборот;

на банковские депозиты размещаются временно свободные остатки денежных средств федерального бюджета в соответствии с данными кассового планирования исполнения федерального бюджета и данными о состоянии единого счета федерального бюджета;

уровень процентной ставки размещения средств устанавливается с использованием биржевой технологии;

появляется возможность оперативного проведения размещения средств.

Для обеспечения размещения средств федерального бюджета на банковские депозиты Федеральное Казначейство привлекает Центральный Банк РФ на основании договора без взимания вознаграждения. Решение о параметрах отбора (объем средств федерального бюджета, минимальная процентная ставка, срок размещения и пр.) принимает Федеральное казначейство. В то же время Банк России направляет в Федеральное казначейство предложения о периоде проведения отборов заявок, объеме средств федерального бюджета, размещенном на банковских депозитах, сроке размещения и процентной ставке. При этом принятию Федеральным казначейством указанного решения предшествует обмен информацией и согласование принципов определения основных параметров размещения средств с Минфином России.

Средства федерального бюджета размещаются на банковские депозиты в кредитных организациях, соответствующих следующим требованиям [ ]:

- наличие у кредитной организации генеральной лицензии Центрального банка Российской Федерации на осуществление банковских операций;

- наличие у кредитной организации собственных средств (капитала) в размере не менее 5 млрд. рублей;

- наличие у кредитной организации рейтинга долгосрочной кредитоспособности не ниже уровня «BB-»;

- отсутствие у кредитной организации просроченной задолженности по банковским депозитам, ранее размещенным в ней за счет средств федерального бюджета;

- участие кредитной организации в системе обязательного страхования вкладов физических лиц в банках Российской Федерации.

Процедура размещения средств федерального бюджета на банковские депозиты применяется с 2008 года. Создание данного механизма размещения явилось своевременным и существенным шагом в направлении достижения цели управления ликвидностью единого счета федерального бюджета и ликвидности банковской системы в целом. По результатам первых размещений работа по отлаживанию данного механизма была продолжена. Одним из направлений совершенствования механизма размещения средств федерального бюджета на банковские депозиты является переход к размещению средств на биржевой основе  предусмотрено использование информационных программно-технических средств организатора торгов на рынке ценных бумаг (биржи)[ 2 ]. Динамика основных показателей результатов работы в этом направлении приведена в таблице. Главным показателем является сумма доходов федерального бюджета от размещения средств на банковские депозиты  которая за три года увеличилась почти в три раза.

**Таблица - Статистика размещения средств федерального бюджета на банковские депозиты.**

| Показатель | 2011г. | 2012г. | 2013г. |
|---|---|---|---|
| Объем привлеченных на депозиты средств федерального бюджета, млрд. руб. | 2 ⬚⬚⬚ | 2 ⬚2⬚2⬚ | ⬚⬚⬚⬚2 |
| Возврат средств, ранее привлеченных на депозиты, млрд. руб. | ⬚⬚⬚2⬚ | 2 ⬚⬚⬚2⬚ | ⬚⬚⬚⬚⬚ |
| Доход федерального бюджета от размещения средств, млрд. руб. | ⬚2⬚ | ⬚⬚⬚2 | ⬚⬚⬚⬚⬚ |

Рассчитана по материалам «Статистика результатов работы Федерального Казначейства по размещению средств федерального бюджета на банковские депозиты»

Таким образом, созданная система позволяет на основе четко определяемых объемов реальных потребностей наиболее рационально проводить оптимизацию бюджетных потоков, сделать процесс исполнения бюджета более плавным, обеспечив учет и контроль каждого этапа исполнения федерального бюджета, а не только объемов бюджетных назначений и сумм платежей.

Дальнейшее сотрудничество Казначейства России и ЦБ РФ обеспечит повышение эффективности бюджетных расходов☐сохранность финансовых ресурсов государства☐ прозрачность операций с ними, минимизацию коррупционных рисков, повышение доверия граждан к власти.

## Литература

☐ Постановление Правительства РФ от 01.12.2004 N 703 (ред. от 02.11.2013) "О Федеральном казначействе".

2. Стратегическая карта развития Федерального казначейства на 2☐☐2018 годы // ☐☐☐:☐☐☐☐.☐☐☐☐☐☐☐.☐☐.

☐ Постановление Правительства РФ от 04.09.2013 N 777 "О порядке осуществления операций по управлению остатками средств на едином счете федерального бюджета в части покупки (продажи) ценных бумаг по договорам репо" (вместе с "Правилами осуществления операций по управлению остатками средств на едином счете федерального бюджета в части покупки (продажи) ценных бумаг по договорам репо").

☐ Постановление Правительства РФ от 24.12.2011 N 1121 (ред. от 07.10.2013) "О порядке размещения средств федерального бюджета на банковских депозитах" (вместе с "Правилами размещения средств федерального бюджета на банковских депозитах").

☐ Статистики результатов работы Федерального казначейства по размещению средств федерального бюджета на банковские депозиты // ☐☐☐:☐☐☐☐.☐☐☐☐☐☐☐.☐☐.

☐ Дроздов О.И. Размещение средств федерального бюджета на банковские депозиты // Финансы. - 2☐2. - № 5 - С.20-2☐

**Moroz M.I.**

Graduate student ph.d. in economics, BFU im. I.Kant

## RESEARCH THE NEED TO IMPLEMENT REINVESTMENT ENTERPRISES FOR REPLACEMENT OF FIXED ASSETS

The experience of developed countries to overcome the stagnation in the process of reproduction of fixed assets focuses on the universally recognized mechanisms of charge and use of depreciation funds. Producers need a system of fixed capital due to the technological rearmament of competitors in foreign markets. At the same time to create a competitive advantage within the region of the enterprise are constantly exploring ways to reduce production costs, especially for industries that use pricing method based on cost. New technologies make it possible to reduce the major expense items in production :

- time for production,

- number of personnel required to implement the production function ,the volume of raw materials needed to recreate the same amount of products as in the old capital stock

For example, in Japan the company Toyota Motor Corporation in accordance with the strategy in the style of Kaizen [2 , c.105] management of industrial enterprises reached maximize profits in the short term . Basis of one of the systems is the Kaizen system of " total productive maintenance -TPM». Toyota Company and its subsidiary, Nippondenso examined costs for repairs and preventive maintenance , and found that they make up 5-15% of the total cost companies therefore need to buy new equipment, disposing of the old tender sale in accordance with the plan originally developed for the manufacture of hardware upgrades .Russian business deal by Coase [4 , c.378] in this direction is absolutely limited due to the lack of Russian entrepreneurs elaborated methodology to create a system to accumulate depreciation and client software repayable funds . The basis of this study - the collection of statistical information due to its dispersion according to Hayek [12 , c.132] on the impact of renewal of fixed assets .Customer interest in the services Redevelopment Fund Marx [5 ; c. 542 ] is to create a surplus product of I , or the means of labor - equipment due to reproduction of fixed assets , which contain up to 20% of the surplus product , qualitative and quantitative accretion which is the main criterion for expanded reproduction .Levers of the renovations by redistributing cash flow in enterprises with the need to maintain the desired level of profitability of the firm, and the planned creation of added value would allow businesses a high level of capital productivity . Developed on the basis of data services leverage renovations should exercise Redevelopment Fund on the basis of its own proposals depreciation policy for the enterprise. The Fund will accumulate depreciation accumulation of enterprises by depositing depreciation charges to the fund renovations , which are determined using the recapitalization revaluation of fixed assets on the basis of competitive analysis of both new and used equipment in the international market and renovation calculations on financial planning and budgeting Enterprise .The study showed that at the legislative level must be allowed to use in the calculation methods of accelerated depreciation for all industries , increasing as the study shows , the amount of reproduction of fixed assets in the Russian Federation , thereby generating additional gross domestic product .

In the case of IAS as a method of accounting requires an agreement with the tax authorities of the new accounting policy. Thus, in the IAS 16 , the calculation process includes two damping :

- Cost model [IAS 16.30] - conservative model for calculating depreciation.

- Pereotsenochnaya model [IAS 16.31] - distinctive feature is that it is possible to estimate the basic foundations for "fair value", or fair market value , explaining the impact of Lohmann - Ruchti effect.

According to the standard [IAS 16.39] enterprise can recognize pereotsenochny surplus that can be recognized as an expense or , or recognizable as an expense . In accordance with IAS 16.40 , there are some assets for which the surplus can be distributed only in retained earnings as of IAS 16.41. The choice of method of calculating depreciation (accelerated or straight ) should reflect the IFRS model , bringing great economic benefits derived by an enterprise , which can be calculated using the optimum model Redevelopment increased depreciation and proportional inflow volume production in the forecast period by Lohman - Ruchti [11, .120 ] effect. The inner meaning of this effect is to assess the forecast volumes of sales , depending on the state of technology of production capacity, upgrade which depends on the accumulated depreciation charges .To reflect changes in financial planning Redevelopment Fund will provide the adjusted unit cost of products or services that are sensitive Redevelopment system of charging and use depreciation. So the rate of depreciation expenses in costing should take into account not only the depreciation on straight-line basis , but also a hybrid method of depreciation reflected in managerial accounting . Some businesses have a reliable distribution channels , instead of changing the pricing method of pricing of the cost of pricing at competitive prices after approval of the plan sales, production plan , cost estimates , costing one unit of output. Arguments to motivate financial authorities from the Redevelopment funds to provide tax deferrals for companies to be used transparent schemes of Renovation services and current directions of the regional policy , which depends on the size of tax payments from businesses , which positively affects the changed method of accelerated depreciation , since the tax authority in the field increases the value of tax revenue due to reduced care companies from paying tax deductions through the leasing mechanism. Globalization of the economy requires innovation , the introduction of new methods of production , as indicated by Schumpeter [13 , 329 ] with which you can change the equilibrium state of the economy . Economic agent - Redevelopment Fund provides methods for updating the means of production , by providing an amortization repayment in accordance with modern techniques for coping with uncertainty and hedging risks at all stages of resource allocation and investment activities in accordance with the model of the Knight [6 , c.111]. The Russian economy is not close to a state of perfect competition as Pareto optimum [9 , c. 203] violated because there are major obstacles to maximize the national dividend in accordance with the theory of Pigou [8 , c. 401 ] - the monopoly of big industrialists , the complex mechanisms of resource allocation ( transanktsionnye costs) and therefore need to reallocate factors hindering the development of services Redevelopment funds, as a rational way to give the competitiveness of Russian firms after their internal development of the productive forces .

## References

1. Balatsky EO Depreciation benefits and their impact on the reproductive cycle of the enterprise , Moscow, Society and Economy . 2005 . - № 3, p. 104

2 . Grinin AY Plant management style kaizen : How to reduce costs and increase profits , Moscow, Alpina Publisher , 2012 . P. -189

3 . Kochergov DS Depreciation : The new rules of accounting and taxation . 6th ed . , Rev . and ext. , Moscow, Omega-L , 2012 . - p.148

4. Coase, R., The Nature of the Firm, London, Economica, 1937, s. 405.

5. Маркс К.., Капитал Том 2. Прогресс, 1984, с. 1000

6. Knight Frank; Risk, Uncertainty and Profit, Boston, New York, Houghton Mifflin Company, English, 1921 г., s. 408

7. Olfert Klaus Von Prof. Dipl.-Kfm., NWB Verlag GmbH& Co.KG, Herne 1974, s. 983

8. Pigou Arthur Cecil. The Economics of Welfare, London, Macmillan and co., limited, 1920 , s. 429

9. Pareto Vilfredo. The New Theories of Economics, London, The Journal of Political Economy, 1897, s. 320

10. Sokolov MI " Economics and Life » № 48 ( 9364 ), 2010

11. Wöhe Vahlens Handbücher Einführung in die Allgemeine Betriebswirtschaftslehre, Verlag Franz Vahlen GmbH, 2010, s. 343

12. Hayek FA Prices and Production , Chelyabinsk, Social , 2008 . P. 199

13 J. Schumpeter, The Theory of Economic Development ( Study of business profits , capital, credit , interest and cycle conditions ) per.s Eng. Moscow : Progress Publishers , 1982. P. 455

**Фридман Ю.А.**
профессор, доктор экономических наук,
**Речко Г.Н.**
доцент, кандидат экономических наук,
**Пимонов А.Г.**
профессор, доктор технических наук
Институт экономики и организации промышленного производства
Сибирского отделения РАН, Новосибирск, Россия

# ОЦЕНКА КОНКУРЕНТНЫХ ПРЕИМУЩЕСТВ РОССИЙСКИХ РЕГИОНОВ

*Базовые определения.* Под *конкурентоспособностью региона* мы понимаем его способность обеспечить эффективность использования имеющегося в регионе экономического потенциала, динамику роста уровня жизни населения и доходов собственникам капитала.

Обстоятельства и условия, обусловливающие конкурентоспособность региона, принято называть *факторами конкурентоспособности.*

Факторы, которые выгодно отличают регион от других регионов, называют *конкурентными преимуществами региона.*

В современной экономике каждый регион должен обладать конкурентными преимуществами, поддерживать их и формировать новые, так как именно *совокупность региональных конкурентных преимуществ определяет конкурентные позиции региона.* В этой связи принципиально важна способность сравнивания конкурентных преимуществ регионов и, следовательно, их количественное и качественное измерение.

*Основные методические посылы.* Для оценки уровня региональной конкурентоспособности принципиально важно, *во-первых* выделить такие факторы экономической и социальной среды региона которые в необходимой и достаточной степени характеризуют накопленный потенциал конкурентных преимуществ.

*Во-вторых,* для количественной оценки таких факторов необходимо сформировать набор конкурентно-значимых показателей.

*В-третьих,* важно, чтобы число этих показателей было минимальным, они должны быть релевантными и что не менее важно – статистически надежными.

*В-четвертых,* чтобы сформировать интегральный показатель конкурентоспособности, отдельные конкурентно-значимые показатели должны характеризоваться относительными величинами.

*Предлагаемая методология оценки* уровня региональной конкурентоспособности использована для анализа конкурентоспособности пяти регионов Сибирского федерального округа (СФО) за период 2000-2□□2г. Выделим четыре важных этапа:

Первый этап: *формализация конкурентно-значимых факторов.* Мы предложили оценивать пять таких факторов:

- уровень экономического потенциала региона;
- эффективность использования экономического потенциала региона;
- привлекательность региона для населения;
- привлекательность региона для бизнеса;
- инновационность экономики региона.

Второй этап: *для каждого фактора региональной конкурентоспособности предложен набор ключевых показателей*□ отражающих развитие этих факторов в соответствующем регионе. Перечень показателей и подробное изложение методических основ их отбора (общее количество отобранных показателей равно 26) приведено в нашей статье [□].

Третий этап: *на основе этих показателей рассчитаны локальные оценки конкурентоспособности по каждому из выделенных факторов.* Величина показателя конкурентоспособности региона по отдельно взятому фактору показывает, имеет ли регион конкурентное преимущество по данному фактору. Для практических расчетов мы адаптировали метод относительных разностей, предложенный С.В. Казанцевым для оценки конкурентоспособности российских регионов [2].

И, наконец, четвертый этап: *рассчитывается интегральная оценка конкурентоспособности региона* с использованием метода средневзвешенной оценки и методов корреляционно-регрессионного анализа.

**Основные выводы, полученные по результатам расчётов** (рисунок):

□ В ходе анализа выявлено, что конкурентоспособность экономики регионов опирается не на один, а на совокупность факторов, при этом регионы с более конкурентоспособной экономикой (в нашем случае – Кемеровская область) обладают, как правило, и большим, чем другие регионы, числом конкурентных преимуществ (четыре из пяти возможных, согласно полученным оценкам). Регион же со слабой экономикой (Алтайский край) имел, согласно полученным оценкам, конкурентное преимущество только по двум (2012 г.) из включенных в исследование факторов.

2. Все пять сравниваемых регионов за более чем десятилетний период приложили немало усилий для того, чтобы конкурировать за ограниченные ресурсы. В 2000 г. только один регион (Красноярский край) конкурировал с другими регионами по уровню экономического потенциала. В 2012 г., наоборот, только один регион (Алтайский край) не

имеет возможности конкурировать по этому фактору. В 2012 г. все пять регионов конкурируют по фактору привлекательности региона для населения (в 2☐☐☐ г. только два региона – Кемеровская область и Красноярский край – конкурировали на этом поле☐

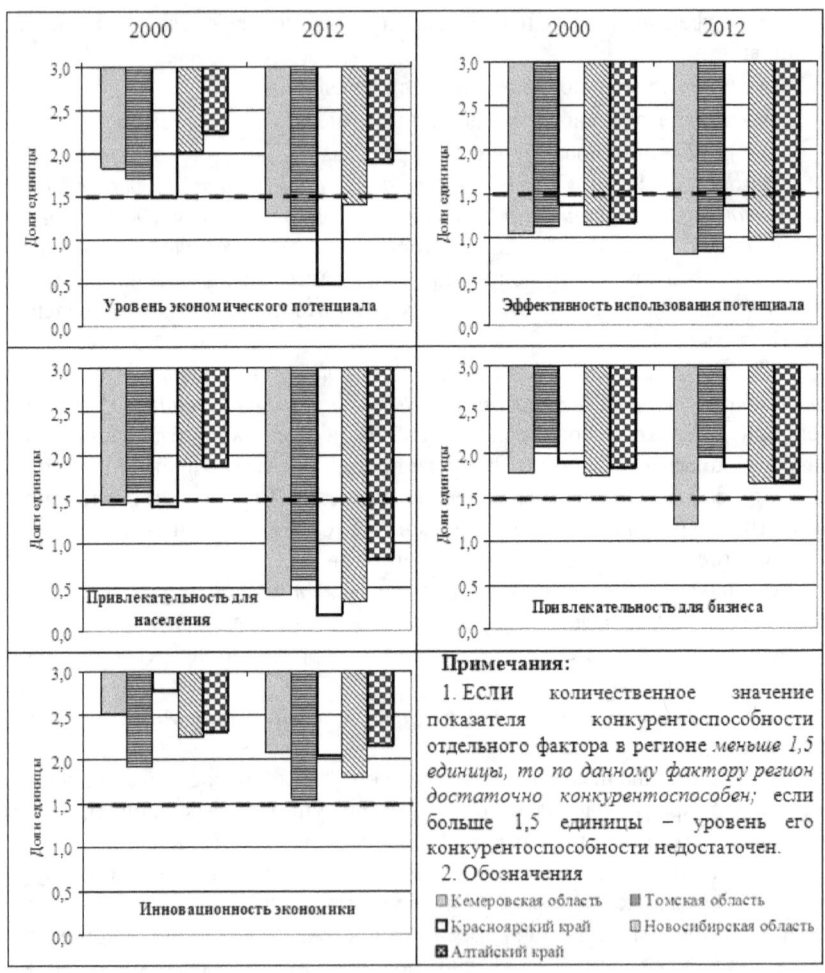

Рисунок. Показатели конкурентоспособности регионов по ключевым факторам в 2000 и 2012 гг., доли единицы

☐ Серьёзным барьером на пути создания конкурентоспособной экономики является непривлекательность регионов для бизнеса. Среди рассматриваемых сибирских регионов только Кемеровская область выделяется конкурентным преимуществом по данному фактору.

⬜ Важным препятствием на пути создания в сибирских регионах конкурентоспособной экономики была и остаётся неинновационность их экономик. Отметим, что здесь имеет место положительная динамика. Если в 2000 г. только Томскую область можно было характеризовать как регион с недостаточным уровнем инновационности экономики (остальные регионы на тот период никак не конкурировали на поле инновационности), то к 2012 г. такую характеристику приобрели все регионы: Новосибирская область – с 2004 г., Красноярский и Алтайский края – с 2011 г.⬜ Кемеровская область – с 2012 г.

## Литература

⬜ Фридман Ю.А., Речко Г.Н. Конкурентоспособность и региональная инновационная политика (возможности количественной оценки) // Вестник Кузбасского государств. технического университета, 2010. №3. – С. ⬜2⬜–2⬜

2. Казанцев С.В. Оценка внутренней конкурентоспособности регионов России // ЭКО, 2008. № 5. – С.⬜⬜–⬜⬜

**Галин Р.Р.**

м.н.с., Институт системной интеграции и безопасности ТУСУР

# ОЦЕНКА СОЦИАЛЬНО-ЭКОНОМИЧЕСКОГО ПОТЕНЦИАЛА РАЗВИТИЯ МОЛОДЕЖНОЙ ПОЛИТИКИ НА РЕГИОНАЛЬНОМ УРОВНЕ

**Оценка социально-экономического потенциала** развития молодежной политики на уровне региона позволяет определить стратегию положительного развития процесса создания условий для жизни граждан категории молодежь, удовлетворения их потребности, преумножения благ, улучшения государственных и муниципальных услуг.

Согласно определению, приведенному в [2] о том, что социально-экономический потенциал есть не что иное, как суммарный потенциал региона, отвечающий за качество жизни населения, за счет эффективного производства продукции и услуг, следовательно, в рамках молодежной политики для оценки социально-экономического потенциала затрагиваются такие аспекты, как население категории молодежь, государственное и муниципальное управление, социальное и экономическое развитие.

Для каждого региона Российской Федерации, в силу неоднородности экономической инфраструктуры, разрабатываются различные методики по оценке социально-экономического развития. Методики разрабатываются на основе Федеральной целевой программе «Сокращение различий в социально-экономическом развитии регионов Российской Федерации 22-2010 годы и до 2015 года)» []. Данная программа представляет перечень индикаторов оценки уровня социально-экономического развития и, что характерно для методики, утвержденной в 2001 году, когда была проведена апробация путем оценки уровня социально-экономического развития субъектов РФ в 1998-22 гг., то с момента утверждения нового перечня апробация не производилась. Представленный перечь не может характеризовать в полной мере уровень социально-экономического развития, так как не выражает комплексность оценки, за счет не учтенных аспектов оценки социально-экономического развития, которые в свою очередь оказывают влияние на социально-экономический потенциал как региона, так и муниципального образования. Таким образом не обладая нормативным характером, данная методика может быть сокращена или увеличена в отношении перечня показателей, опираясь на принципы и построенную модель оценки.

Для расчета оценки социально-экономического потенциала молодежной политики предлагается учитывать следующие принципы:
по типу оценки:

– системность оценки (предполагается учет взаимосвязей элементов показателей);

– комплексность оценки (учет всех составляющих показателей, многоаспектность социально-экономического потенциала);

– иерархичность оценки (система иерархичной последовательности показателей);

– вариативность оценки (предполагается учет каждого показателя в условиях адаптации к модели оценки социально-экономического потенциала);

по типу данных:

– достоверность исходных данных (информационное обеспечение, на основе которого строится оценка);

– своевременность данных (данные, на основе которых выстраивается оценка в соответствии условиям современного социально-экономического положения);

– информационная открытость (информационное сопровождение, соответствующее современным условиям).

В рамках рассматриваемой методики оценки социально-экономического потенциала развития, и, преследуя цель повышения эффективности государственного управления в сфере молодежной политики, рассматриваются следующие направления, интерпретированные в структурной модели системы оценки на рисунке ☐

Рисунок 1 – Структурная модель оценки социально-экономического потенциала развития молодежной политики.

Обобщенная оценка социально-экономического потенциала развития молодежной политики представляет собой взаимодействие подсистем, обеспечивающих самореализацию молодых людей по направлениям, предусмотренным в Стратегии развития молодежной государственной политики и согласно этим приоритетам☐формируются основные ресурсы для ее реализации. Данная оценка позволяет достичь основные цели социально-экономического развития по перечню показателей, что обеспечивает положительное воспроизводство общества на территории региона как хозяйствующего субъекта.

Применив к оценке социально-экономического потенциала развития молодежной политики ☐ ☐☐-анализ [☐]☐ часто используемый способ исследования, получили результаты, которые позволяют определить слабые стороны развития региона с имеющими или возникающими угрозами и компенсировать их сильными сторонами и открывающимися возможностями. При определении основных факторов внутренней и внешней среды, влияющих на сравнительный анализ в рамках предлагаемой оценки, применяется функция желательности Харрингтона с двумя участками насыщения в диапазоне от 0 (наименьшее влияние на результат☐до 1 (наилучшее влияние). Значения полученных вычислений $d(i)$ для $i$-го фактора пересчитываются по формуле $D = \sqrt[n]{\prod_{i=1}^{n} d_i}$, где $n$ — число показателей для системы оценки.

Расчет оценки социально-экономического потенциала развития молодежной политики основывается на подборе основного перечня показателей, значения, которых приведены в одну шкалу. Основные показатели разделяются на четыре направления:

— оценка социального потенциала молодежной политики;
— оценка экономического потенциала молодежной политики;
— оценка инновационного и образовательного потенциала молодежной политики;
— оценка криминогенной ситуации в молодежной среде.

Молодежная политика является важным фактором, оказывающим значительное влияние на развитие государственной политики во всех отраслях жизнедеятельности населения, поэтому существует потребность современного определения и корректировки ее вектора развития, а также принятия решения для положительного воспроизводства общества.

Литература:

☐ Педанов Б.Б. Разработка инструментария оценки эффективности управления социально-экономическим развитием муниципальных образований: автореф…дис. канд. экон. наук. – Краснодар, 2006. – 24 с.

2. Бляхман А.А. Оценка социально-экономического потенциала региона: автореф…дис. канд. экон. наук. – Санкт-Петербург, 2009.

☐ О Федеральной целевой программе «Сокращение различий в социально-экономическом развитии регионов Российской Федерации ☐2☐2 – 2010 годы и до 2015 года)» [Электронный ресурс]: Постановление Правительства Российской Федерации от 11.10.2001 № 717. – Доступ из справ.-правовой системы «Консультант плюс».

☐ Сидоров А.А. Методы интегральной оценки, анализа и мониторинга социально-экономического развития муниципальных образований: автореф… дис. канд. экон. наук. – Томск, 2009г. – 12 с.

**Dolyatovskaya T.I., MS, Dolyatovsky L.V.,** Dr., Prof.
Rostov State Economic University, Rostov-on-Don, Russia

## APPLICATION OF METHODS OF SYSTEM DYNAMICS IN ACTIVE MARKETING

Active marketing is an effective remedy of increase in sales, however for a choice of a rational marketing strategy and definition of optimum expenses it is expedient to calculate forecasts of productivity of marketing [1]. It is for this purpose rational to diagnose a condition and a firm [2] position, to calculate sales forecasts [3] and to prove marketing strategy of firm [4]. Methods of system dynamics are applied to the solution of these tasks in work.

Diagnostics of a situation of firm on the basis of a tabular method has shown, system of marketing 4 and innovative 7th activity of JSC Kaloriya are problem areas of management (fig. 1).

Drawing 1-Diagnostic profile of JSC Kaloriya

Without the qualified active marketing it is impossible to solve a demand problem. It is obvious that in the decision and this problem can make the significant contribution active marketing.

The model describes dynamics of sales, turns on four stores (*sales volume, knowledge, motivation and experience), sales* are modelled within a year. The algorithm of functioning of model is given on fig. 1.

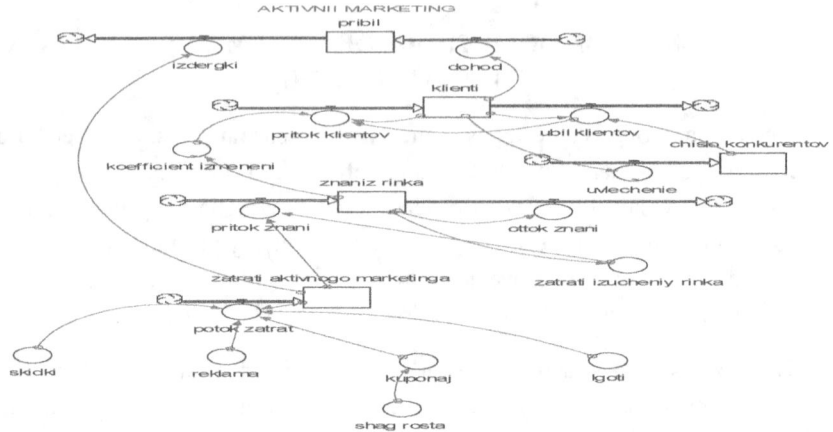

Drawing 1 - the Scheme of dynamic model of active marketing

The model "Active marketing" has allowed to receive dependences in time within a year of expenses for active marketing (fig. 2.), inflow of clients, decrease of clients, number of competitors (fig. 3).

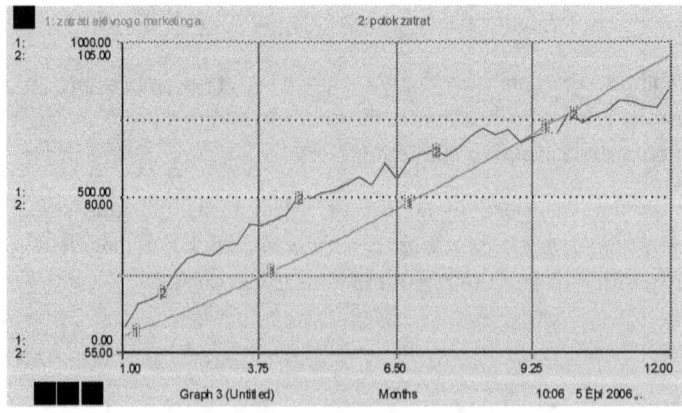

Drawing 2 – Costs of active marketing

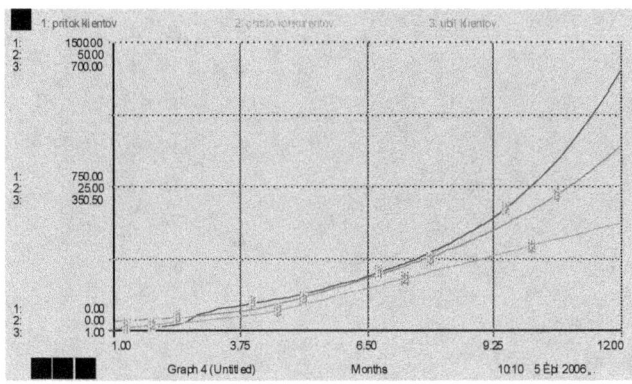

Drawing 3 – the Flow of clients and competitors

From the schedule follows that the correct policy in the field of active marketing - number of clients, despite growth of number of competitors is chosen, increases within a year. Influence of components of active marketing is illustrated on schedules fig. 4.

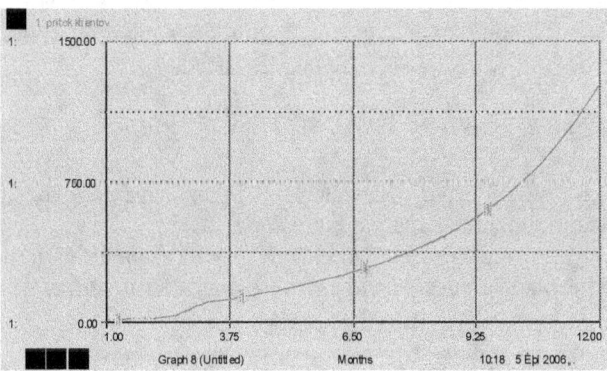

Drawing 4.a. - A situation of increase in publicity expenses for 10 %

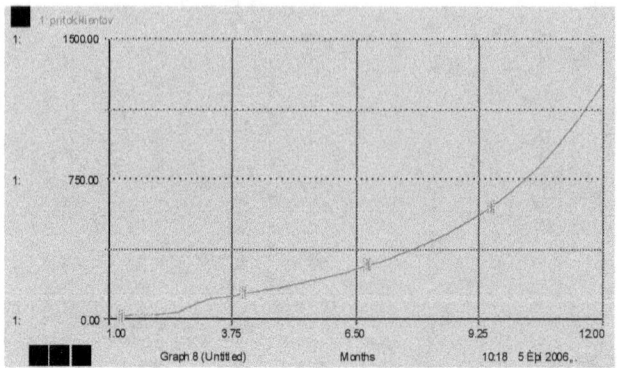

Drawing 4.6. - Situation of increase in expenses for trading discounts for 10 %

The decision on reduction of the range and change of assortment policy, education in firm of department of logistics and acquisition of the processing equipment can be the main conclusion from all aforesaid.

In addition to policy of reduction of the range it is necessary to apply strategy of strengthening of positions in the market. The most perspective for advance products: milk, sour cream, kefir, cottage cheese and drinks. They have high percent of profitability and positive dynamics of sale.

## THE LIST OF THE USED SOURCES

1. Dolyatovskiy V.A.System the analysis in management of firm. - Saarbruecken: Lambert Academic Publishing, 2012,
2. Dolyatovskiy T.I., Gamaley N. Yu. Diagnostics of a condition of the enterprise//Problems of design and software use. - Kislovodsk: RSUE, 2010
3. Dolyatovskaya T.I., Gamaley N. Yu., Ivaschenko S. A., Kravtsov S.N.Analyse and sales volume forecasting on the basis of neural logic//Problems of design and software use. - Kislovodsk: RSUE, 2010
4. Dolyatovskiy L.V.Metod of integrated management of firm//Methods of fundamental and applied mathematics in economy and natural sciences - Rostov - on - Djn:RSUE, 2011

**Адыгезалова Г.Э.**

доцент, кандидат юридических наук,

доцент кафедры теории и истории государства и права ФГБОУ ВПО

«Кубанский государственный университет»

gyulnaz_2000@mail.ru

## ЗАКОН ГЛАЗАМИ ПРЕДСТАВИТЕЛЕЙ
## АНГЛО-АМЕРИКАНСКОЙ ПРАВОВОЙ СЕМЬИ

Закон – это нормативно-правовой акт, регулирующий наиболее важные общественные отношения. Такое определение на сегодняшний день можно отнести к большинству правовых систем современных развитых государств. Оно актуально как для романо-германской, так и для англо-американской правовых семей.

Рассмотрим точки зрения на закон представителей англо-американской правовой семьи, представляющих различные типы правопонимания: Дж. Остина (юридический позитивизм), Р. Паунда, Т. Парсонса, О. Холмса (социологическая школа права), Т. Арнольда, Д. Фрэнка (правовой реализм).

Дж. Остин различал «законы в собственном смысле слова» и «законы, называемые так неправильно». Ко второй группе он относил законы природы и Божественный закон. Автор считал, что эти законы не содержат в себе определенных команд. Они закрепляют закономерности, которые не обращены к конкретным субъектам и не влекут за собой принуждение, ведь в них не содержится команда. Здесь автор придерживается идей утилитаризма, утверждая, что эти нормы необходимо признавать независимо от формы их выражения в силу их реальной и практической полезности. Общие правила, стоящие над человеком и не обращенные к нему в форме команды, не могут называться законом. В качестве примера Дж. Остин приводил закон всемирного тяготения, который в отличие от актов парламента, имеет другие происхождение и природу. Такой закон будет действовать независимо от чьей-либо мысли и воли.

Ученый предложил выделить три основных признака, по которым можно определить истинный закон: 1)закон должен представлять собой команду, которая облекается во вполне определенную форму; 2) закон должен быть обеспечен санкцией; 3) все обязанности вытекают из команды, обеспеченной конкретными средствами реагирования, которые должны быть обязательным атрибутом команды.

Исходя из сказанного Дж. Остин выделил два вида истинных законов. Одни составляют «позитивную мораль», а другие «позитивное право».

Правила, которые устанавливаются в определенном обществе исходя из общего мнения отдельного сообщества, представляют собой обычные нормы, которые обеспечены легальными или политическими санкциями. Таковы, например, общества охотников и рыболовов Северной Америки и германские племена, описанные Тацитом. При этом Дж. Остин не затрагивает вопрос о промежуточном состоянии общества, когда происходит становление политически организованного общества. Могут возникать вопросы о генезисе правительства, о его разновидностях, которые различны, например, в США и в Англии. Тем не менее, позиция ученого такова: закон становится законом благодаря воле суверена, его власти, а вопрос о том, кто наделен властью – это вопрос факта, а не морали или религии.

Те правила, которые установлены сообществом и наделены силой только в силу своего порождения обществом, не являются позитивными законами. Они составляют позитивную мораль и не наделены юридической силой, хотя могут быть истинными нормами. Таковы, например, законы чести, законы моды и самый важный из всех – международный закон.

Позитивный закон – центральное понятие теории Дж. Остина. Каждый позитивный закон исходит от суверена или суверенного органа и предназначен для членов независимого политического общества, в котором лицо или орган воспринимаются как высшая инстанция, суверен. «Законодатель – это не тот, в чьей власти первым создать закон, это тот, чья власть наделяет закон определенной силой». Возникает вопрос о том, является ли общество политическим и независимым. Государством, или политическим обществом, можно назвать такое, в котором есть внешняя власть, которая преобладает над другими и обеспечивает послушание. В таком обществе большинство его членов готово выступить в защиту своего общества от внешних врагов и при возникновении угрозы подчиняются одному лидеру или органу, представляющему группу При наличии некоторой неопределенности, мы имеем дело с анархией.

Для Р.Паунда (как и для Т. Парсонса и О. Холмса, не отрицавшего значимость закона) закон – это важный источник права, это тот свод обязательных предписаний, который занимает приоритетное положение в современных государствах, или «политически организованных обществах». Несмотря на то, что данные авторы говорили о важной роли судебного процесса и юридической практики, для них закон – это нормативно-правовой акт, регулирующий наиболее важные общественные отношения. Он, несомненно, не должен идти вразрез с общей моралью, с действующими обычаями и иными социальными нормами. Это обеспечит его наибольшую эффективность. В ходе же юридического процесса закон, конечно, становится ближе к реальным условиям, подвергается определенной корректировке и обеспечивается необходимым толкованием.

Только решение конкретных задач и разрешение конкретных конфликтов, может придать закону жизненности.

Более радикальной точки зрения придерживались сторонники правового реализма: Джером Фрэнк и Турман Арнольд. Для них закон приобретает более абстрактное значение, это некий символ, который имеет больше отношение к идеалу, нежели к реальным нормам. Это, по сути, декларативные нормы, которые определяют задачи правового регулирования, устанавливают то, как должно быть. А реальным правом для сторонников этого направления являются те нормы, которые рождаются в процессе правоприменения. Первостепенное значение имеют, конечно, решения судов. Именно суд сталкивается с конкретными условиями, ситуациями и при наличии широких правомочий по толкованию нормативно-правовых актов и свободного судейского усмотрения, может молниеносно реагировать на меняющиеся в обществе условия, на формирование новой морали.

Таким, образом, можно сделать вывод, что все представленные выше авторы исходили из идей утилитаризма и прагматизма. Делая акцент на том источнике права и способе правового регулирования, который на их взгляд казался наиболее эффективным, учитывающим общие интересы сообщества, жизненным, они все-таки все признавали значимость закона, как акта, который содержит в себе правила поведения, нормы, позволяющие упорядочить общественные отношения, гармонизировать интересы в обществе и определяющие, тот правопорядок, к которому необходимо стремиться как обычным членам общества, так и правоприменителям.

## Список источников

1.     Arnold T. W. Law as Symbolism. / Sociology of Law. Selected readings. Ed. By Vilhelm Aubert. Harmondswoth (Midd`x), 1969.

2.     Austin J. Lectures on Jurisprudence or the Philosophy of Positive Law. L., 1973. Vol.1.

3.     Austin J. The Province of Jurisprudence Determined // Lloyd D., Freeman M. Introduction to Jurisprudence. L.: Stevens, 1979.

4.     Frank J. Law and the Modern Mind. L., 1949.

5.     Justice Oliver Wendell Holmes. His book notices and uncollected letters and papers / Ed. and annotated by H.C.Shriver. Introd. by H.F.Stone. New York, 1973.

6.     Llewellyn K. My Philosophy of Law // My Philosophy of Law / Ed. by A. Kocourek. Boston: Boston Law Book Co, 1941. pp.181-197.

7.     Llewellyn K. The Common Law Tradition – Deciding Appeals. Boston, Toronto: Little, Brown and Co ltd., 1960.

8. Parsons T. The law and social control. In law and sociology. Exploratory essays / Ed. by W.M. Evan; with a foreword by L.K. Tunks. N. Y.: The Free Press of Glencoe, 1962. P. 56–72.

9. Pound R. Social control through law. New Haven: Yale Univ. Press; Oxford Univ. Press, 1942.

10. Twining W. Karl Llewellyn and the Realist Movement. Norman: University of Oklahoma Press. 1973.

**Тхаркахо М.М.**
к. ю. н., доцент, ФГБОУ ВПО «АГУ»

## ВИДЫ КОНСТИТУЦИОННОГО КОНТРОЛЯ В ЗАРУБЕЖНЫХ СТРАНАХ: ВОПРОСЫ ТЕОРИИ

Необходимость конституционного контроля обусловлена наличием Конституции, потребностью действия конституционно закрепленных норм и принципов для установления и поддержания баланса полномочий высших органов государственной власти.

Формы конституционного контроля многообразны. Они могут классифицироваться по различным основаниям.

1) В первую очередь, конституционный контроль может осуществляться политическими либо судебными (квазисудебными) органами. Различие между двумя типами органов не всегда легко установить. Но, при политическом контроле решение о неконституционности актов принимают высшие органы государственной власти, основными функциями которых являются политические функции (Национальная ассамблея народной власти Кубы, Конституционный комитет Франции по Конституции 1946 года). При судебном (квазисудебном) контроле он возлагается на суд (Конституционный суд ФРГ) или квазисудебный орган (Конституционный совет Франции).

2) По времени осуществления конституционный контроль может быть предварительным (a priori) или последующим (a posteriori) [1, 117]. Предварительный контроль – это проверка закона парламента органом конституционного контроля на предмет его соответствия конституции до того, как закон вступил в силу. Другими словами, предварительный контроль предполагает проверку конституционности закона на стадии их прохождения через парламент (Швеция, Финляндия, частично Франция). В этом случае речь идет о проверки конституционности законопроектов. После санкционирования законов и их промульгации они не могут быть подвергнуты проверке на конституционность. В том случае, если возникает потребность в принятии закона, который заведомо будет противоречить конституции, должна быть внесена соответствующая проверка и поправка в конституции. Предварительный контроль имеет позитивные стороны: проверка осуществляется до вступления закона в силу, его можно заранее исправить, он не порождает последствий, противоречащих конституции. Примером предварительного конституционного контроля может служить контроль в Швеции, Финляндии, Канаде, частично Франции [3,51].

Контроль a posteriori проводится, когда закон уже действует. Такой контроль позволяет проверять конституционность акта, которого в момент его издания не существовало, либо в тот момент отсутствовал механизм такой проверки, либо существовавший такой механизм не был по каким – то причинам использован. Этот вид контроля, кроме того позволяет проверять соответствие актов, изданных до принятия действующего основного закона (США, Италия, ФРГ, Франция) [4, 307].

3) Конституционный контроль может быть внутренним и внешним. Внутренний контроль проводится самим органом, который издает акт, внешний – иным органом. При осуществлении внутреннего контроля возможны парламентский контроль (Китай) и контроль со стороны главы государства (Франция). Внутренний контроль, как правило, предварительный, однако есть примеры и последующего внутреннего контроля. Нередко такой контроль носит консультативный характер и не исключает внешнего контроля. Внешний контроль в большинстве случаев последующий. Во всяком случае, не принятые еще проекты актов, как правило, внешнему контролю не подвергаются.

4) С точки зрения правовых последствий конституционный контроль может быть консультативным и постановляющим. Принимаемые решения в порядке консультативного контроля обладают моральной, а не юридической силой. Другими словами, эти решения юридически никого не обязывают и не связывают. Напротив, решения, принимаемые в порядке постановляющего контроля, обязательны. Если такой контроль объявляет акт соответствующим конституции, никакие претензии к нему больше не предъявляются; если же акт объявлен неконституционным, то теряет юридическую силу. В качестве консультативного контроля можно назвать контроль, осуществляемый государственными советами в Бельгии и во Франции. Так, в Бельгии Государственный совет должен рассматривать любой подготовленный Правительством законопроект и любой предварительный проект, декреты сообществ и регионов. Высказанное советом мнение не носит обязательный характер и не связывает Правительство, палаты парламента или советы сообществ. Однако оно обладает значительным моральным авторитетом, поскольку исходит от органа, занимающего независимое положение в государственной системе [3, 53].

5) По обязательности проведения конституционный контроль может быть обязательным и факультативным. В первом случае любой акт обязательно подвергается конституционному контролю, обычно предварительному. Так, в обязательном порядке подлежат проверке органические законы и регламенты палат парламента во Франции. Факультативный контроль осуществляется только в случае заявленной инициативы правомочного субъекта. Наиболее часто конституционный контроль бывает факультативным, то есть, проводится по требованию правомочного органа, должностного лица или любого индивида, у которого возникли сомнения в конституционности акта.

6) По форме конституционный контроль может быть абстрактным и конкретным. Абстрактный контроль означает проверку конституционности акта или нормы вне связи с каким-либо делом. Такая проверка может быть проведена в рамках предварительного и последующего конституционного контроля. Конкретный контроль осуществляется только в связи с каким-то, чаще всего судебным делом, при разрешении которого подлежат применению определенные нормы или акты, оспариваемые с точки зрения конституционности. Такой вид конституционного контроля закреплен, например, в статье 163 Конституции Испании 1978 года: «Когда какой – либо судебный орган во время процесса найдет, что какая – либо норма, имеющая силу закона, применяемая им, и от законности которой зависит вынесения решения, противоречит конституции, то этот орган имеет право обратиться в Конституционный суд в случаях, в порядке и в целях достижения результатов, установленных законом» [2, 266]. Он - всегда последующий. Абстрактный контроль имеет определенные преимущества перед конкретным контролем, так как позволяет шире взглянуть на проблему соотношений оспариваемого акта с Конституцией, обеспечивает единство и непротиворечивость контроля и лучше отвечает идее разделения властей. Но, конкретный контроль создает лучше возможности для более или менее оперативной защиты прав человека.

7) По своему объему конституционный контроль может быть полным или частичным. Полный контроль охватывает всю систему общественных отношений, урегулированных конституцией. Во многих европейских странах органы конституционного контроля обладают очень широкими полномочиями, которые включают весь спектр конституционных отношений (ФРГ, Италия). Частичный же контроль распространяется лишь на определенные их сферы, например на права человека и гражданина, на федеративные отношения и так далее (Швейцария).

8) По содержанию конституционный контроль бывает формальным и материальным. При формальном контроле проверяется соблюдение конституционных условий и требований, относящихся к изданию акта. Иначе говоря, входило ли издание акта в компетенцию издаваемого органа, соблюдены ли процедурные требования при этом, в надлежащей ли форме издан акт. Материальный же контроль имеет дело с содержанием акта и означает проверку соответствия этого содержания положениям конституции.

9) По отношению к органам, осуществляющим контроль, он может быть диффузным (децентрализованным) и централизованным. Диффузный контроль предполагает осуществление конституционного контроля любым судом или судьей. Это вид контроля характерен для американской (традиционной) модели этого института (США, Индия, Япония).

Напротив, централизованный контроль осуществляется специально созданными органами, действующими вне обычной судебной системы. Такой контроль характерен для европейской модели конституционного контроля (Италия, ФРГ, Австрия).

10) В зарубежной юридической литературе встречается деление конституционного контроля на контроль путем предъявления иска и на контроль в порядке возражения против иска [1, 119]. Конституционный контроль путем предъявления иска имеет место тогда, когда истец сам требует от судьи аннулирования закона вследствие его неконституционности. Конституционный контроль в порядке возражения против иска предполагает, что во время спора между сторонами делаются ссылки на неконституционность какого – либо применяемого акта, на котором основывается спор. Вследствие этого, вопрос о неконституционности должен быть решен до того как судья вынесет решение по существу дела.

Бесспорно, каждая разновидность конституционного контроля имеет свои достоинства и недостатки. Классификация конституционного контроля дает возможность разобраться в многообразии видов контроля, что, в свою очередь, позволяет определить модели конституционного контроля в определенной стране.

## Литература:

1. Жакке, Ж. – П. Конституционное право и политические институты / Ж. – П. Жакке. – М., 2002. – 365 с.
2. Конституции зарубежных государств: учебное пособие / сост. В.В. Маклаков. – М., 2003.
3. Конституционный контроль в зарубежных странах: учеб. пособие / отв. ред. В.В. Маклаков. – М.: Норма, 2007. – 656 с.
4. Хабриева, Т.Я. Теория современной конституции / Т.Я. Хабриевой, В.Е. Чиркин. – М.: Норма, 2007. – 320 с.

**Мирзоян Р.Э.**

к.ю.н., доцент, ФГБОУ ВПО «АГУ»

# ПРАВОВАЯ ПРИРОДА ЭЛЕКТРОННЫХ ДЕНЕГ В ЕВРОПЕЙСКОМ СОЮЗЕ

Долгое время в странах Европейского союза отсутствовало единое мнение в отношении регулирования электронных денег. Так, например, во Франции, Германии, Италии и Нидерландах право выпускать электронные деньги получали только кредитные институты. При этом их деятельность регламентировалась только действующем в данной стране банковским законодательством. В Бельгии, Швеции и Великобритании отсутствовали законодательные ограничения на выпуск электронных денег: эмитировать электронные деньги могли не только кредитные институты.

Среди юристов существуют различные точки зрения на суть электронных денег. Подготовленный ООН в 1987 г. документ под названием «Правовое руководство ЮНСИТРАЛ по электронному переводу средств» [4, 136] предлагает два варианта правовой квалификации электронных денег на основе смарт-карт и расчетов с их использованием. Первый вариант рассматривает загрузку электронного кошелька как аналог снятия наличных или как эквивалент продажи дорожных чеков или неденежных знаков для оплаты в общественном транспорте или телефонной сети.

Второй вариант рассматривает встроенную в карточку микросхему как особую форму счета клиента в банке-эмитенте. При этом микросхему можно считать либо отдельным счетом, либо особой формой первоначального счета.

Законодательство Европейского союза разрешает осуществлять эмиссию электронных денег новому классу кредитных учреждений – Институтам электронных денег (ELMI) [5].

В сентябре 2009 г. была принята Директива Европейского парламента и совета по надзору и регулированию деятельности в сфере электронных денег (2009/110/ЕС). Необходимо отметить следующие изменения по сравнению с Европейской директивой об электронных деньгах № 2000/46/ЕС от 18 сентября 2000 года в порядке регулирования деятельности институтов-эмитентов электронных денег:

1) Директива ЕС 2009/110/ЕС дает более ясное, технически нейтральное, определение электронных денег. Согласно новой Директиве ЕС: «Электронные деньги являются электронно- (в том числе магнитно-) хранимой денежной стоимостью, представленной требованием на эмитента, которое выпускается при получении денежных средств эмитентом для совершения платежей и которое принимается в качестве средства платежа иными учреждениями, нежели эмитент электронных денег»[1]. Из вышеизложенного вытекает, что определение электронных

денег остается достаточно широким, чтобы не препятствовать технологическим инновациям и покрывать не только все разновидности электронные денег, доступные сегодня на рынке, но также и те продукты, которые могут появиться в будущем.

С нашей точки зрения, из определения электронных денег исключаются:

а) стоимости, хранимые на специальных предоплаченных инструментах, разработанных для удовлетворения заранее определенных потребностей их держателей (ограничено покупкой товаров или услуг только у их эмитента или в пределах ограниченной сети поставщиков услуг, с которыми у эмитента установлены прямые торговые соглашения).

б) стоимости, которые используются для покупки цифровых товаров или услуг, когда в силу специфической природы товара или услуги оператор прибавляет к ней добавленную стоимость, например, в форме доступа, поиска и других информационных услуг, при условии, что данный товар или услуга будут использоваться только через цифровое устройство, например мобильный телефон или компьютер, и если оператор телекоммуникационных, цифровых и информационных услуг не выполняет функцию прямого посредника между плательщиком и поставщиком товаров и услуг[3].

2) изменено определение института - эмитента электронных денег (в частности, больше не рассматриваются как кредитные институты, они не принимают депозитов и не предоставляют кредитов по собственным счетам).

3) расширен круг институтов, которые могут заниматься эмиссией электронных денег: кредитные учреждения, институты - эмитенты электронных денег, жиро-институты (почтовые отделения).

4) изменены требования к первоначальному капиталу институтов - эмитентов электронных денег. Так, институты - эмитенты электронных денег должны иметь во время получения разрешения на выпуск электронных денег первоначальный капитал в размере не меньше чем 350 тыс. евро (ранее 1 млн. евро) [3].

5) уточнены требования к объему собственного капитала института - эмитента электронных денег для проведения эмиссионных и иных операций. Так, размер собственного капитала института - эмитента электронных денег для деятельности, связанной с эмиссией электронных денег должен быть не ниже 2% от среднего объема обязательств по электронным деньгам[3].

8) заново определен льготный режим регулирования так называемых малых эмитентов электронных денег, деятельность которых не связана с широким оборотом электронных денег. Так, государства - члены ЕС могут освобождать от применения всех или части процедур и условий, изложенных в Директиве ЕС 2009/110/ЕС, и вводить юридические лица в

реестр институтов - эмитентов электронных денег, если два следующих требования выполнены:

- общий объем обязательств эмитента по электронным деньгам не превышает предел, установленный государством - членом ЕС, но в любом случае является не больше 5 млн. евро;

- ни одно из физических лиц, ответственных за управление или функционирование бизнеса, не было признано виновным в преступлениях, касающихся отмывания денег, финансирования террористической деятельности, или других финансовых преступлениях [1];

9) установлены четкие ограничения на максимальный объем электронно-хранимой стоимости в устройстве - носителе электронных денег (250 евро, 2500 евро).

Таким образом, в Европе регулирование электронных денег стало интегральной частью банковского регулирования. Избранная стратегия отражает европейскую традицию значительного государственного контроля системы денежных расчетов, которая распространена и на электронные деньги.

Различие подходов к регулированию электронных денег разными странами можно объяснить их желанием найти оптимальное решение дилеммы «эффективность-риск». Решая эту дилемму, перед регулирующими органами возникает ряд серьезных проблем[2].

В этих условиях чрезвычайно важно различным странам найти компромисс между эффективностью финансовых систем и рисками, принимаемыми частным сектором, путем согласования и кооперирования в сфере создания и применения единообразных стандартов и правил регулирования электронных денег.

Итак, мы видим, что появление современной концепции электронных денег - это очередной виток эволюции самого понятия денег, идущей по пути перехода к цифровой форме.

Литература:

1. Директива 2009/110/ЕС Европейского Парламента и Совета от 16 сентября 2009 г. об учреждении, деятельности и надзоре за деятельностью организаций, занимающихся электронными деньгами [Электронный ресурс]. – Режим доступа: http://itexpert.org.ua/dokumenty/item/15395-direktiva-2009-110-ec

2. Горюков, Е.В. Анализ европейской практики регулирования электронных денег [Электронный ресурс] / Е.В. Горюков, О.В. Котина. – Режим доступа: http://bankir.ru/tehnologii/s/obzor-slojivsheisya-praktiki-regyl

3. Кочергин, Д.А. Электронные деньги: учебное пособие [Электронный ресурс]. – М.: Маркет ФС, 2011 // СПС Гарант. – М., 2014.

4. Тедеев, А.А. Электронная коммерция / А.А. Тедеев. – М., 2002.

5. Электронные деньги [Электронный ресурс]. – Режим доступа: http: //http://ru.wikipedia.org/

**Moroz M.I.**
Graduate student ph.d. in civil law, BFU im. I.Kant

## RESEARCH THE PROBLEM TO LEGISLATIVE CONTROL OF THE AGREEMENT OF TRUST MANAGEMENT IN ROMANO-GERMANIC LEGAL FAMILY

Global improvement of legal structures governing various aspects of civil law , due to the need of constant expansion of legal norms because increasing the number of legal conflict , the lack of a literal interpretation of the law. Institute of fiduciary property acts as one of the mechanisms of legal regulation , which requires the development of regulatory acts taking into account the diversity of approaches asset management in developed countries. Study in the time (the Roman Law, in the Middle Ages ) and the territorial aspect ( one of the countries legal family ) different legal structures Institute fiduciary will identify ways to improve Russian legislation.

The difference with respect to the split property in the continental system and the Anglo -Saxon manifested in different attitudes to the distribution of property kings feudal state , which has the right of direct ownership (dominium directum) and vassals with rights of direct participation (dominium utile). Thus, in accordance with the ius commune vassal to carry out transactions on the merits as a user of the feudal land and qualify for the use of someone else's property to retrieve income (ususfrustus)[1,p.32] . In accordance with Tripartitum property management was necessary statement to an official , the registration of more than 50 HUF, bail on feudal ownership and permission of the king. Thus, the historical foundation of the Institute fiduciary requires that in Chapter 53. Clause 4 of Article 1012 demarcate transaction procedure on the merits (ad rem) and transfer things like procedures that confer different rights trustee for the state registration of trust property. Should specify whether to print DU ( trustee ) for all contracts fiduciary in Article 1012, no exceptions.

Institute of confidence (fideicommissum) developed at common law (ius commune) as a special relationship relating to the management of feudal property , the law regulated the feudal law (Libri Feudorum), is widely distributed in France, while in other lands to set their own regulation of the institution , as in the present in the Russian Federation . Historically, the Roman law , the institution of trust (fideicommissum) built on providing the founder of management profit on the basis of documents confirming the legitimacy of trust - the right to dispose of movable and immovable property (bona fides), are the analogue of Russian legal acts . Therefore it is necessary to clarify in Sec. Article 53 . 1016 , the term " due diligence ", as there are numerous claims vindication of the founders of management responsibilities because of different interpretations of the trustee. Responsibilities should be transferred wording Trustee paragraph 1. Articles 1022 federal law 75 " on private pension funds "

[5] which describes the basic functions trustee to ensure repayment, liquidity and reliability in managing fiduciary property. Given the plurality of objects fiduciary obligations proposed to expand the interpretation of the trustee, split into the following blocks obligations trustee clarifying the terminology of [ 5 ] for an exhaustive list of rights (numereous clausus) for each of them :

Duty to follow the instructions of the trustor - the trustee is obliged to follow the instructions of the trustor to manage trusted assets. In Chapter 53 of the Civil Code of the Russian Federation , similarly exhaustive list , the necessity of instructions trustor , but no detailed elaborations associated with the limits for a trustee , it may have wide powers in trust and can enjoy great flexibility in trust assets - as this discretionary power to the objectives of the Trust Deed. Necessary in Chapter 53 Civil Code Art. 1013, to clarify: " the trustee and other beneficiaries are considered stakeholders who must consent to any change in the conditions of the trust management ." But the courts will allow changes in trust under limited circumstances . For example, under the doctrine of "equitable deviation" , the courts will permit the trustee to deviate from establishing direct instructions of the trustor in the management of the trust management where performance designation becomes illegal and almost impossible, or more will not affect the purpose of trust management in connection with the new or changes in the conditions - as long as the deviation will continue and will not change the purposes of the Trust[4, p.9].

Duty of prudence trustee - the duty of prudence trustee inherited from bona fide duties , requiring the trustee acted with due care , diligence and skill in managing the estate trustee . Chapter 53 Art. 1022 should read the following duties trustee " or standard measure of care , diligence and skill required the trustee to manage the property trustee is the method normally prudent person leads his or her personal affairs under similar circumstances and with similar objectives ." This obligation applies both affirmative and negative for behavior by the trustee , including the timing of management decisions. For example, in the context of real estate sales , which are contained in the Trust [2,p.51], the Trustee shall make a sale at the best price and the best conditions that are reasonably achievable. Where there is a significant opportunity to profit from the trust management through the disposal of property trustee , trustee can be held liable if the trustee negligently ignores possible ( within the meaning of profit ), or waiting too long to dispose of the property trustee , leaving trust property as an undervalued property.

Study materials judicial practice in countries using an exhaustive list (numereous clausus) for definitions of duties as trustee revealed that the trustee may violate their duty of prudence by selling trust property prematurely ( for example, when on the property could earn a better return to in the future through the use of alternative or where there was a significant potential for increasing costs) . Therefore, to prevent the amount of litigation should refer to Ferdinand Regelsbergera model , which was first established in German law the difference between bogus and confidential legal structures , the identification of which reduced the opportunities for trustees to circumvent the law (rechtsgeschäftlicher Schleichweg)[3,p.111].

According to German law, the trustee is the owner , and in the event of bankruptcy of the founder , trustee satisfies only part of the claims attributed to the property trust management (Treuhand). Besides German Civil Code, to divide responsibility for management of the property by function (Sondervermögen), under which share a commitment to the property subject to liability towards the creditors , partial administration and protection of third parties . Accordingly, in the situation with the creditors , the establishment of trust management (Stiftungstreuhand)[7,p.56] or independent agencies (unselbständige Stiftung) allow founders and beneficiaries to file claims negatornogo lender in the event the material requirements attributable to the division of property ( inherited) .

Thus , the legal system Regelsbergera resolve the contradiction between the objectives and legal instruments present in pandektivnom law (SAVIGNY, WINDSCHEID) [ 2 , c. 32]. System based on the above Swiss Civil Code (ZGB). For example , Article 717 does not provide a possible property until the mortgaged property is not transferred to the pledgor . In Swiss law , a contract of trust management has been used in accordance with the model Rogelsberbergera described above , and the rules of Obligations (OR). In accordance with Regelsbergerom , legal contract is a real confidence contract and legally valid legal transaction in which the parties have established agreements that allow them to perform certain rights. Therefore, in the Russian law should also be based on the origins of the institution of property to create a trust management.

## References

1.    COING H.: Europäisches Privatrecht I. Älteres Gemeines Recht (1500 bis 1800). München, 1985. p. 320

2.    Garrott v. McConnell, 256 SW 14 (Ky. 1923); Kendrick v. Ray, 53 NE 823 (Mass. 1899). 15 AM. JUR. 2D Charities § 155.

3.    KARL LARENZ/MANFRED WOLF, ALLGEMEINER TEIL DES BÜRGERLICHEN RECHTS, § 21, n 32-41(Munich, Verlag C H Beck, 9th ed 2004). See supra 2. for the Treuhand. See also Hagen Hof, in Werner Seifart/Axel Freiherr von Campenhausen

4.    Dr. István SÁNDOR, Ph.D. associate professor, Head of Department of Civil Law, Overview of the Legal Models of Trust Management in Private Law

5. RESTATEMENT 2D, TRUSTS § 227(a). § 47 Insolvency Statute; cf. Dirk Andres, in Jörg Nerlich/Volker Römermann (eds), Insolvenzordnung, §47, n 40 (Munich, Verlag C H Beck, 22nd ed 2012).

6. FÖLDI A.– G. HAMZA: A római jog ... (The Roman Law .... ) p. 659. 76 AM. JUR. 2D Trusts § 58. C.f. In re Trust of Brooke, 697 N.E. 2d 191 (Ohio 1998) (trustee's discretion limited by terms of the trust).

7. HONORÉ A. M., "On Fitting Trusts into Civil Law Jurisdictions" [unpublished], online: Tony HONORÉ, 1 F. ECKHARDT: Magyar alkotmány és jogtörténet. (Hungarian Constitutional and Legal History). Budapest, 2000. p. 313.

**Алжанкулова С.А.**
кандидат юридических наук, Академия экономики и права имени
У.А. Джолдасбекова
E-mail:abildsveta@mail.ru
**Абжакова Ж.О.**
магистрант ЖГУ, юридический факультет
E-mail: janna-ab@mail.ru

## ПРИЧИНЫ И УСЛОВИЯ, ПОРОЖДАЮЩИЕ КОРРУПЦИЮ В РЕСПУБЛИКЕ КАЗАХСТАН

Коррупция - это социальное явление, заключающееся в разложении общества и государства, когда государственные служащие, лица, уполномоченные на выполнение государственных и иных управленческих функций, в том числе и в частном секторе, используют свое служебное положение, статус и авторитет занимаемой должности вопреки интересам службы и установленным нормам права и морали в целях личного обогащения или в групповых интересах

Коррупция становится нормой, в том числе и среди политической, правящей и экономической элиты. А это означает, что правоохранительные органы, во многом зависящие от обстоятельств, с одной стороны, слабы бороться с институциональной коррупцией, с другой – подчинены в этих делах не только и не столько закону.

Связь между коррупционными преступлениями и порождающими ее проблемами двусторонняя. С одной стороны, эти проблемы усугубляют коррупцию, а их решение может способствовать уменьшению коррумпированности, а с другой - масштабная коррупция консервирует и обостряет проблемы переходного периода, мешает их решению. Отсюда следует, что, во-первых, уменьшить и ограничить коррупцию можно, только одновременно решая проблемы и условия ее порождающие, и, во-вторых,решению этих проблем будет способствовать противодействие коррупции со всей решительностью и по всем направлениям [1,56].

Как справедливо отмечают некоторые ученые, проблемы, порождающие коррупцию, можно условно разделить на общие и специфические [2,105].

К общим относятся те, которые свойственны не только Казахстану, но и большинству стран, переживающих переходный период от централизованной к рыночной экономике. Вот некоторые из этих проблем:
- Неукорененность демократических политических традиций.
- Слабость гражданского общества, отрыв общества от власти. Демократическое государство в состоянии решать свои проблемы только в кооперации с институтами гражданского общества. Ухудшение социально-экономического положения граждан, всегда сопровождающее начальные

стадии модернизации, вызываемое этим разочарование, приходящее на смену прежним надеждам, - все это способствует отчуждению общества отвласти, изоляции последней.

- Неэффективность институтов власти. Тоталитарные режимы строят громоздкий государственный аппарат.

- Неразвитость и несовершенство законодательства. В процессе преобразований обновление фундаментальных основ экономики и экономической практики существенно обгоняет их законодательное обеспечение.

- Экономический упадок и политическая нестабильность.

Специфические современные проблемы являются продолжением тех, которые по проявлению или происхождению уходят корнями в советский период. Некоторые из них усугублены условиями переходного периода:

1. Низкая эффективность судебной системы.

2. Неразвитость правового сознания населения.

3. Привычная ориентированность правоохранительных органов и их представителей на защиту исключительно "интересов государства" и "общественной собственности ".

4. Традиция подчинения чиновников не закону, а инструкции и начальнику.

Как и поиск адекватного определения коррупции, выявление ее причин происходит в самых разных направлениях. Большинство западных исследователей связывают коррупцию с чрезмерным вмешательством государства в жизнь общества. Чем больше государство вмешивается, тем больше оно издает законов, чем больше оно наращивает бюрократический аппарат, тем выше риск возникновения параллельных структур, рынков и процессов, выходящих за рамки правового поля.

Коррупция порождается различными видами взаимодействий между государством и гражданами, сосуществующими в единой политической системе. В то же время демократия и свободный рынок не являются панацеей от коррупции. Переход от авторитарного строя к демократическому вовсе не способствуют снижению размеров "откупа". Скорее он ведет к пересмотру принятых в данной стране норм общественного поведения и морали.

К правовым факторам, детерминирующим коррупцию, многие отечественные специалисты относят ненадлежащее правовое регулирование некоторых сфер деятельности и недостатки в действующем законодательстве [3,49]. В числе таковых наиболее часто выделяются:

1. Ненадлежащая регламентация служебных полномочий должностных лиц органов государственной власти и управления.

2. Недостаточная эффективность действующего уголовного законодательства об ответственности за конкретные формы проявления коррупции.

3. Ненадлежащее правовое регулирование финансирования предвыборных компаний в органы государственной власти и местного самоуправления.

4. Отсутствие комплексной правовой базы, направленной на борьбу с коррупцией, в том числе и политической направленности.

5. Наличие законодательного закрепления иммунитета от уголовного преследования определенных субъектов политики, как представителей государственной власти, так и претендентов на эти должности (кандидатов в Президенты РК, депутаты Парламента РК и др.), поскольку любое освобождение от ответственности порождает нарушение существующих норм поведения и противно цели борьбы с коррупционной преступностью, выражающейся в неотвратимости применения уголовного закона за каждое преступление и к любому лицу независимо от его политического статуса.

Кроме того, нарушение справедливости в области правосудия приносит обществу и моральный вред, поскольку влияет на психику гражданин, деформирует их правосознание, вызывает неуважение к закону и политической деятельности. О необходимости отмены иммунитета от уголовного преследования за коррупционные преступления говорилось отечественными юристами уже давно, и они в свое время отменялись, однако вновь восстанавливались уже для другой категории лиц.

6. Несовершенство избирательного законодательства, не обеспечивающего реальную зависимость избираемых лиц от своих избирателей.

Таким образом, учитывая вышеизложенное, можно сделать следующие выводы: во-первых, уменьшить и ограничить коррупцию можно, только одновременно решая проблемы и условия, ее порождающие; во-вторых, решению этих проблем будет способствовать противодействие коррупции со всей решительностью и по всем направления.

К проблемам, порождающим коррупцию, относятся те, которые свойственны не только РК, но и большинству стран, находящимся в стадии модернизации, в первую очередь - переживающим переходный период от централизованной к рыночной экономике. Во-первых, различные интерпретации причин коррупции, противоречат друг другу, во-вторых, ни одну из них нельзя считать безупречной. По нашему мнению, истина должна быть где-то посредине.

Только изучив должным образом причины и условия, порождающие коррупцию, можно определять и вырабатывать конкретные меры по ее ограничению и снижению.

## Литература

1. Криминология: Учебник / Под ред. Е.О.Алауханова. – Алматы: Жеті жарғы, 2005. – 217 с.

2. Алауханов Е.О. Борьба с коррупцией: теория и практика. – Алматы, 2009. – 240 с.
3. Мауленов Г.С. Теоретические проблемы предупреждения организованной преступности и коррупции в Республике Казахстан. – Астана, 2006. – 270 с.

**Касаткина А.С.**
кандидат юридических наук,
преподаватель кафедры международного
частного права факультета права
Национального исследовательского университета –
Высшей школы экономики,
e-mail: akasatkina@hse.ru

□□ □ □ □□□□□□□□ □□ □□□□□□□□□□□ □ □□□ □□□□□ □□□□ □□□ □□
□□ □□□□ □ □□ □□□□ □□□□

In the modern globalized world almost all the transactions involve a foreign element which inevitably leads to the disputes arising in a foreign country. This is old news for Russian citizens and companies who find themselves more often than ever in the middle of litigation abroad. However, lawyers are well aware that winning a lawsuit is not the end – seeking recognition and enforcement of the judgment is the next step. Enforcing judgments in Russia is a tricky business, the one that many are not ready to encounter. Although Russia is a party of about thirty agreements on mutual recognition of the foreign judgments, there are no such agreements with major European countries or America. In such cases, the principles of comity and reciprocity come into play. Even if there is a legal basis for recognition, then when is the court allowed not to recognize or enforce it?

Russian foreign policy does reflect the need for establishing a new level of connection with the countries of the world community by enhancing economic, trade and cultural relations. As a prerequisite for this though, Russian legislation must adequately protect the rights and legitimate interests of foreign partners. Certainty of a result is what attracts businessmen, especially foreign investors. Therefore, the law on recognition and enforcement of foreign judgments (hereinafter - REFJ) must lead to a stable and predictable outcome.

This paper is dedicated to analysis of the current Russian legislation, judicial decisions on REFG as well as writings of scholars on the existing problems obstacles and problems. Moreover, here will be discussed the peculiarities of the law of the United States of America on the recognition and enforcement of foreign-country judgments.

□ □□□□□□□□ □□□□□□□Before defining REFJ, there is a need to distinguish the terms "recognition" and "enforcement" of judgments. "To "recognize" a foreign judgment is in essence to domesticate it, thus making it equal to any other judgment produced by a …court" [1, 153], thus giving the decision the same effect and authority as if the decision was rendered by that tribunal. Meanwhile, "'enforcement'" requires the aid of the courts and law enforcement of the enforcing jurisdiction, which may or may not be afforded along with recognition of the judgment" [1, 154]. Differentiating the two categories, some scholars note that recognition is a passive instrument since it does not require any active actions. Enforcement of foreign judgments, on the other hand, demands the tribunal to take active steps regarding the debtor's assets" [2, 7].

The definition of "foreign judgment" is given by different legal instruments. For instance, the Uniform Foreign-Country Money Judgments Recognition Act defines it as "a judgment of a court of a foreign country". It must be noted that the U.S. law also distinguishes the definition of "foreign-country judgment" and "foreign judgment", the latter meaning the decision of another American sister-state court. The U.S. legislation will be discusses in more detail *infra.*

Also, the definition can be found in the Hague Convention on Choice of Court Agreements, which states that foreign judgment "means any decision on the merits given by a court".

Zaycev in its article provides the following definition of REFJ: "a legal act which expresses sovereign state attitude to facts rendered by foreign judicial bodies, thereby extending their jurisdiction over the court's own legal space [2, 8]. Therefore, the definition and meaning of REFJ are contained in various international treaties, legal assistance agreements, countries' domestic legislation and writings of publicists. I will address the similarities and differences of those in more detail in my annual paper.

□□□ □□ □□□□□□□□□□ □□□ □□□□□□□□ □□□ □□ □□□□□□□□□ □□□□□ □□□□□ □□□□ This part will cover the Russian law on REFJ as well as international conventions (signed by Russia and those to which Russia is not a party), and also the fundamental principles of comity and reciprocity.

□ □□□□□□□ □□□ □□ □□□□□□In accordance with Russian legislation, the foreign judgments are recognized and enforced in Russia on the basis of a procedure, envisaged in international treaties and  federal law [3, 431]. The norms of Russian national legislature on REFJ could be found in Chapter 31 of Arbitrazh Procedural Code and Chapter 45 of Civil Procedural Code. Thus, there are two procedural forms for recognition and enforcement of foreign judgments – the arbitrazh and civil procedures, which sometimes differ significantly from each other [4, 1120]. The procedure of REFJ is determined not only by procedural laws, but also by international conventions and agreements on legal assistance.

□ □□□□□□□ □□□□□□□□□□□□□□ □□□□□□□□□□□The most relevant for Russia are Convention on Legal Assistance and Legal Relations in Civil, Family and Criminal Matters, 1992 Kiev Agreement on Settlement of Commercial Disputes, and the 1954 Hague Convention on Civil Procedure.

Even though Russia is not a party to the following treaties, they do play an important role in defining the concept of REFJ in international private law: the 2007 Lugano Convention on Jurisdiction and the Recognition and Enforcement of Judgments in Civil and Commercial Matters and Brussels I Regulation 2000.

These international instruments also stipulate the instances when the court can refuse to recognize or enforce the judgment. For example, the 1993 Minsk Convention lists six conditions, including improper notice, exclusive jurisdiction of the courts, etc.

□□□ □□□□□□□□□ □□□ □□ □□□ □□□ □ □□□□□□□□□□□The principle of comity was defined in *Hilton v. Guyot,* one of the landmark U.S. Supreme Court cases, as "neither a matter of absolute obligation, on the one hand, nor of mere courtesy and good will, upon the other. But it is the recognition which one nation allows within its territory to the legislative, executive or judicial acts of another nation, having due regard both to international duty and convenience, and to the rights of its own citizens, or of other persons who are under the protection of its laws".

The scholars define the principle of reciprocity as "the idea that States will and should grant others recognition of judicial decisions only if, and to the extent that, their own decisions would be recognized" [5, 6].

These two principles are the cornerstones for the REFJ. The principle of reciprocity is often applied in those cases when there is no treaty on legal assistance between the states. Russian courts do render judgments on the basis of reciprocity and comity. In this paper I will analyze the inconsistent Russian judicial decisions regarding application of these principles and outline the peculiar differences of decisions rendered by arbitrazh tribunals and courts of common jurisdiction.

□ □□□□□□ □□ □□□ □□□□□Unlike Article IV, Section 1 of the United States Constitution, which requires sister state judgments to be given full faith and credit in the courts of all other American states, there is no international "full faith and credit" clause.

Foreign country judgments do not stand on the same level as judgments rendered in the United States. They are not entitled to recognition under the Full Faith and Credit Clause of the United States Constitution. Furthermore, there is no other form of federal legislation or treaty on REFG.

Hence, on the federal level, whether a foreign country judgment should be recognized and enforced is determined by common law. At present, there is no national American approach to the enforcement of foreign country judgments in the United States. There are individual state statutes but they do not exist in all states, and as the scholars suggest that even these statutes are not uniform [6, 341].

The courts are therefore left to decide when to recognize and enforce foreign judgments. Being a favorite alternate ground for rendering a decision, the "public policy" reasoning resurfaces a lot in the American courts' decisions.

***

The problem of REFJ is crucial in the international civil proceedings. REFJ are possible only on the basis of proper norms of both, national legislation and international treaties. In international procedural law authors single out characteristics of legal force of a judgment that form a foundation for its recognition and enforcement: obligatoriness, exclusiveness, conclusiveness, prejudicialness and cumulativeness.

The provisions regarding the procedure and grounds for the REFJ are contained in the Arbitration Procedural Code, the Civil Procedural Code, the Federal Law on Enforcement Proceedings and federal laws. The Russian Federation is party to a number of international treaties regarding reciprocal REFJ. In case of absence of international treaty between the parties, principles of reciprocity and international comity may be applied by courts. Both arbitration courts and courts of general jurisdiction are competent to consider cases regarding REFJ.

With new commercial international developments, and with the increase of international trade, commerce and investment, justice requires that international litigants consider not only a resolution of disputes but also the ability to enforce a favorable judgment obtained in a judicial tribunal which hears and determines the cause in a foreign country. The judgment is not final *per se*, until it was recognized, and the needed remedy was obtained. As been demonstrated *supra*, the issue of the enforcement is not just a legal one, the certainty of the outcome is essential for stable international transactions. However, not only business is heavily engaged in international litigation; the interests of citizens seeking REFJ must also be taken into account.

## Index of Authorities

1. Zeynalova Y., The Law on Recognition and Enforcement of Foreign Judgments: Is It Broken and How Do We Fix It? // Berkeley Journal of International Law. 2013. Vol. 31.
2. Зайцев Р.В. Признание и приведение в исполнение в России иностранных судебных актов / Под ред. В.В. Яркова. М., 2007.
3. Международное частное право: учебник для бакалавров и специалистов / И.В. Гетьман-Павлова. М.: Юрайт, 2013;
4. Международное частное право: учебник для бакалавров / Н.Ю. Ерпылева. М.: Юрайт, 2012;
5. Michaels R. Recognition and Enforcement of Foreign Judgments // Max Planck Encyclopedia of Public International Law. Oxford University Press, 2009.
6. Simeone J. Recognition and Enforceability of Foreign Country Judgments // Westlaw Next, 1993.

www.ingramcontent.com/pod-product-compliance
Lightning Source LLC
Chambersburg PA
CBHW071759200526
45167CB00017B/523